中国科技

100个伟大瞬间

ZHONGGUO KEJI
100GE WEIDA SHUNJIAN

杨义先　钮心忻　著

U0171275

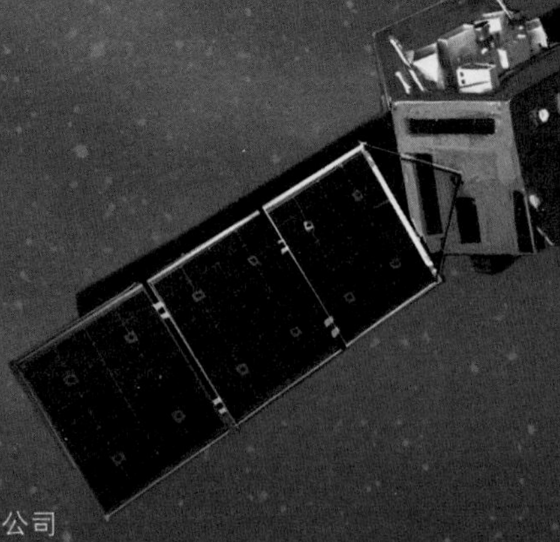

APSTIME 时代出版
时代出版传媒股份有限公司
安徽科学技术出版社

图书在版编目(CIP)数据

中国科技100个伟大瞬间 / 杨义先，钮心忻著. --合肥：安徽科学技术出版社，2024.4
ISBN 978-7-5337-8915-2

Ⅰ.①中… Ⅱ.①杨…②钮… Ⅲ.①科学技术-技术史-中国-青少年读物- Ⅳ.①N092-49

中国国家版本馆CIP数据核字(2023)第251608号

中国科技100个伟大瞬间 杨义先 钮心忻 著

出 版 人：王筱文 选题策划：高清艳 周璟瑜 责任编辑：周璟瑜 李梦婷
责任校对：张 枫 责任印制：廖小青 刘 莉 装帧设计：冯 劲
出版发行：安徽科学技术出版社 http://www.ahstp.net
(合肥市政务文化新区翡翠路1118号出版传媒广场，邮编:230071)
电话：(0551)63533330
印 制：安徽新华印刷股份有限公司 电话:(0551)65859178
(如发现印装质量问题，影响阅读，请与印刷厂商联系调换)

开本：710×1010 1/16 印张：19.25 字数：300千
版次：2024年4月第1版 2024年4月第1次印刷

ISBN 978-7-5337-8915-2 定价：58.00元

版权所有，侵权必究

进入21世纪后，特别是最近十年，中国的高科技取得了突飞猛进的发展。

能否写出一本书，用最简单的语言，将我国的前沿科技成果表述出来，不但让普通中小学生能看懂，还要让各年龄段的读者都喜欢看，而且看了之后还大有裨益？这显然是一个很难的问题，但同时也是一个值得花大力气来解决的问题。

本书的读者以青少年为主，从形式上看，它应是一本图文并茂、雅俗共赏、老少皆宜的科普书籍，因此，在编写过程中要注重语言通俗流畅，节奏明快轻松，风格活泼易懂。读者既可一次性饱览，也可逐段细细品味。总之，希望本书能以其独特的魅力，让读者对它“一见钟情”。

从内容上看，本书精选了过去十年（2012—2022年）中，我国科技工作者在科学和技术两方面所取得的一百项有代表性的伟大成就。全书的选材主要来自每年一度的由中国科学院和中国工程院全体院士选出的“中国十大科技进展”，以及由国家科技部基础科学研究中心公布的“中国科学十大进展”中的成果。因此，本书中介绍的前沿科技成果都是响当当的中国领先成就，甚至是世界领先成就，它们完全有资格代表中国的最高科技水平，足以让青少年了解和感受祖国的强大和进步，有利于激发读者的自豪感和自信心。

为了能用科普性的语言较准确地介绍这些涉及面广、水平高、前沿性强的科技成果，我们不但查阅了海量的资料，还广泛请教了相关领域的专家，甚至通过多种方式与其中一些科技成就的获得者取得了直接联系。

为使内容风格基本统一，本书针对每项成果，采取“先总述、后分述”的写作框架，从三方面入手：一是每项成果本身的成功瞬间；二是每项成果的发明或发现过程；三是每项成果背后的相关故事。每项成果都将按类别配以千余字的文字介绍，同时再配一幅图展示成果本身。

具体来说，之所以要选择许多天文学成果，是因为天文学历来就非常有趣而神奇，可以充分激发青少年的自由想象力；之所以要选择许多基础科学的尖端成果，是因为随着现代科技的发展，基础科学正变得越来越重要，其应用也越来越普及，特别是以量子、纳米、超导和核科学等为代表的基础物理，几乎已深入到现代科技的所有前沿领域；之所以要选择许多军民融合和国防成果，是因为军工历来就对青少年很有吸引力，可以充分激发读者的自豪感和责任心；之所以要选择许多材料科学成果，是因为这方面是当前我国科技发展的弱项，也是遭遇卡脖子的最密集领域之一，但又是发展所有高科技的必经之路，因此需要激励更多的后起之秀进入该领域。自21世纪以来，我国在新材料和新设备等方面已取得了不少傲人的重大成果，弥补了不少短板，因此有必要让更多的青少年朋友了解这些成就，增强自信心，甚至今后也成为该领域的栋梁。

都说“科学是这样一门学问，它能使当代傻瓜超越上代天才”，但是，本书绝不是只想让“当代傻瓜超越上代天才”，而是还想激励“当代天才”成为当代科学家，成为被“后代傻瓜”努力超越的“天才”。

伽利略说：“你无法教会别人任何东西，你只能帮助别人发现一些东西。”因此，本书其实是想帮助大家“发现”一些东西，更准确地说，是发现不同科技领域中的若干共性。

最后，由于作者水平有限，书中难免有错漏之处，恳请广大读者批评指正。如果本书对你有所帮助，我们将十分高兴。再次感谢你阅读此书，谢谢！

杨义先　钮心忻

2024年4月

于北京温泉茅庐

CONTENTS

目录

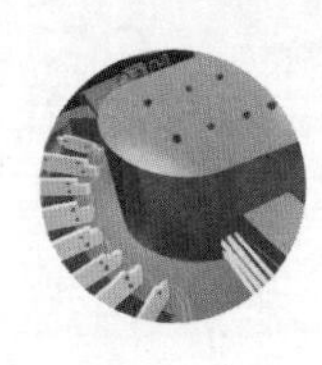

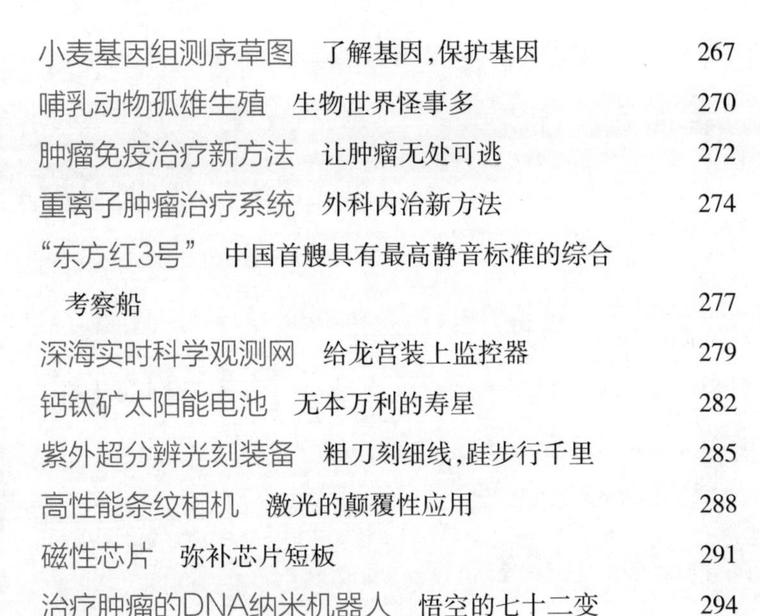

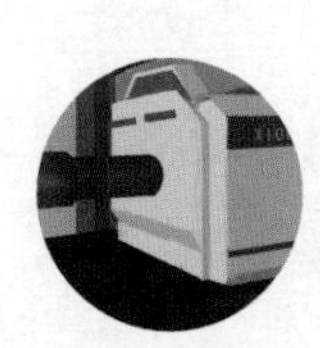

第一章

巡天遥看一千河

本章主要介绍我国在2012—2022的十年中，在天文学方面颇具代表性的成就。

一提起天文学，许多人马上就会想起夜观天象，想起各种行星的运行规律等。但是，当你读完本章后，你将惊讶地发现：天哪，如今的天文学与有些天文馆中所展示的天文学相比，早已焕然一新！而这正是本书想要达到的效果——让大家站在当代巨人的肩膀上，了解前沿科技的代表性成就。

和传统天文学研究不同的是，现在的天文学早已发生了巨大的变化。以收集来自外太空的信息为例，现在人们常运用的工具是各种望远镜或检测仪等“太空侦探”。这些“太空侦探”有的变成卫星飞在天上，有的变成“铁锅”趴在地下，还有的像变形金刚那样，或在月球上陪伴着嫦娥，或去火星站岗放哨。

现在的天文学观测结果也早已不再限于光学影像，还包括变幻莫测的各种辐射，一会儿是红外线，一会儿是紫外线，一会儿又可能是从X射线到γ射线的粒子流。天文观测的对象已变成诸如黑洞、暗物质、反物质、引力波、类星体、脉冲星和微波背景辐射等稀奇古怪的存在。天文学想要回答的问题则变成了诸如宇宙是如何形成的，如何重现大爆炸之初的各种基本粒子，如何从天空俯视地球等。

总之，我们希望本章能帮助大家赢在今后与全球天文学家竞争的起跑线上。

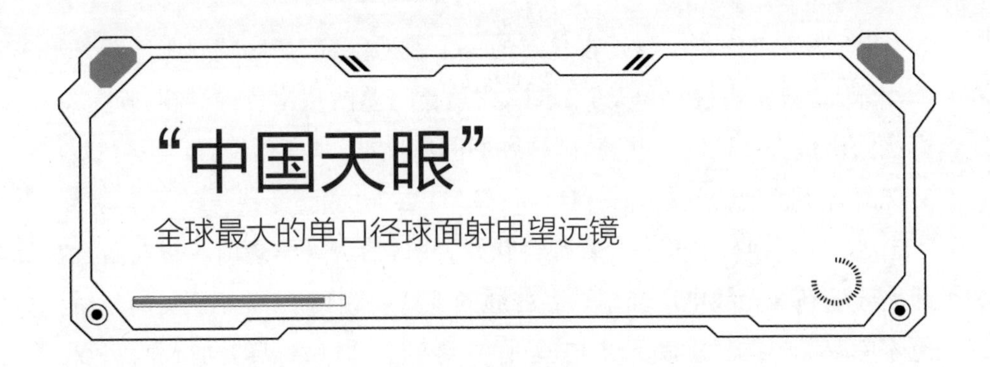

“中国天眼”
全球最大的单口径球面射电望远镜

全球最大、最灵敏的500米单口径球面射电望远镜，在贵州省平塘县诞生啦！它的反射面有30个足球场那么大，能探寻百亿光年之外的射电信号，其观测能力居全球之冠，是德国波恩100米望远镜的10倍，是美国阿雷西博300米望远镜的2.25倍。凭借全新的设计思路和得天独厚的地理位置，它突破了天文望远镜百米工程的极限。自2020年1月在国内开放运行以来，它已发现了500余颗脉冲星，并帮助科学家在研究快速射电暴等领域取得了重大科研突破。

如此“神器”该取一个什么样的大众化的名字呢？刚开始，大家都叫它“中国天眼”，但从2021年起它就开始面向全球开放，自然也就该称它为“世界巨眼”了。

“中国天眼”到底有哪些用途呢？告诉你吧，用途可多啦！对UFO迷们来说，它可以通过搜索可能的星际通信信号来搜寻天外文明，比如说外星人。对生物迷们来说，它可以用来探索太空生命的起源。对天文迷们来说，它可以用来检测星际分子，探索宇宙起源和演化，观测脉冲星，研究恒星的形成与演化以及星系核心黑洞，研究宇宙大尺度物理学等。

“中国天眼”凝聚了前后四代科学家的智慧和心血，尤其是生前默默无闻奉献的“中国天眼之父”南仁东先生更展现出了伟大的家国情怀。正是因为他怀揣无限热情，以坚韧不拔的毅力和决心，坚守梦想22年，才将“中国天眼”变成了现实，让我国的天文科学研究进入了世界前列。

南仁东，1945年出身于吉林省的一个普通家庭，从小就思维活跃，成绩优异，尤其喜欢数学和天文，求解数学题时总能想出各种妙招，晚上总喜欢仰望星空并追问一些莫名其妙的问题，比如，月亮里真有嫦娥吗？若父母回答不了他的问题，他就自己去钻研，去查找资料。

1963年高考，他成为全省理科状元，并被清华大学录取。毕业后，他却被分配到某无线电厂当了一名普通的工人。直到1977年恢复高考后，他才考取了中国科学院天体物理所的研究生，并以自己的勤奋和智慧相继获得了物理学硕士和博士学位。

1993年，南仁东出国参加了一个国际会议，对国外同行的成就惊叹不已，并由此萌生了一个大胆的想法。回国后，经过一年的认真准备，他向中国科学院提交了建设"中国天眼"的报告，接着就开始了长达22年的艰苦征程。

第一个难题是选址。为此，他带着几百张卫星遥感图像，在贵州的崇山峻岭中苦苦寻找了整整十年，对3000多个山间洼地进行了逐一测算

图1 "中国天眼"

和考察,终于在2005年找到了最理想的台基。

第二个难题是筹集经费。为此,他不知道遭受了多少白眼,跑烂了多少双胶鞋,终于在2011年勉强凑齐了启动资金。

第三个难题,也是最难的一个,就是项目的建设工程。作为总工程师,他几乎吃住全在工地,每个环节,他都亲自把关;每次考察,他都亲自测量;每次会议,他都参加;每次计算,他都反复检查,生怕有半点差错。他把全部精力都投入了项目中,丝毫不敢懈怠。他常说:“项目做不好,咋对得起国家,对得起人民!”

2016年,“中国天眼”的巨型工程终于竣工了,可南仁东却病倒了。虽然勉强出席了庆典仪式,但仅仅一年后,他就永远安息了,享年72岁。

今天,天上有了一颗“南仁东星”,他如同天边的坐标,标志着中国人探索未知世界的雄心,拓展着我们逐梦筑梦的边界。

谢谢您,南仁东先生,谢谢您为中国天文学所做的不可替代的贡献!

发现新星

“中国天眼”立新功

依托“中国天眼”的超群观测能力，我国在脉冲星的搜寻方面已在国际上大幅领先。自 2017 年首次发现脉冲星以来，截至 2021 年底，“中国天眼”已先后发现了 500 余颗脉冲星，是世界上其他望远镜所发现脉冲星总数的 4 倍以上。特别是在 2021 年 5 月，“中国天眼”首次找到脉冲星的三维速度与自转轴共线的证据，从而挑战了现有的中子星起源模型，也拓展了人类对极端物理条件下特殊天体起源的认识。

什么是脉冲星呢？脉冲星可称为“宇宙钟表”，是一种高速旋转的中子星，密度极高，每立方厘米的质量竟超过 1 亿吨；自转周期极短，竟然短到 0.0014 秒转一圈！从脉冲星的周期就可推测出其年龄，周期越短的脉冲星越年轻。脉冲星具有在地面实验室无法实现的极端物理性质，它是巨型恒星爆炸后所形成的星体，它因不断发出非常有规律的周期性电磁脉冲信号而得名，其直径为 10 千米左右，质量为太阳质量的 1~2 倍。第一颗脉冲星于 1967 年被发现，当时引起了全球轰动，甚至被称为“20 世纪 60 年代天文学的四大发现之一”。

为什么要研究脉冲星呢？研究脉冲星，有助于解答许多重大的物理学基础问题，但若想充分研究脉冲星，就必须先找到足够多的脉冲星，这便是“中国天眼”的独特优势所在。比如，因为脉冲星是在塌缩的超新星残骸中被发现的，所以研究它们将有助于了解星体塌缩时所发生的情况，揭示宇宙诞生和演变的奥秘。随着时间的推移，脉冲星的行为也会发生

图 2　脉冲星及其伴星想象图

各种变化,每颗脉冲星的周期也并非都恒定如一。因此,可以通过接收到的电磁辐射来探测脉冲星的旋转能量,比如,每当发出一次脉冲后,它就会失去一部分旋转能量,从而使转速下降。通过长期连续测量脉冲星的旋转周期,便可精确推断出它们的转速降低情况和能量损失情况,甚至还能推断出它们还有多长的生命周期。每颗脉冲星都各有特点,有些亮度极高;有些会发生星震,即其转速会瞬间陡增或陡减;有些在双星轨道上有伴星;还有数十颗脉冲星的转速奇快,高达上千次每秒。总之,每颗新发现的脉冲星都会带来新的惊喜,增加人类对宇宙的了解。

"中国天眼"还有另一项超强的神奇本领,那就是发现其他望远镜很难发现的暗弱快速射电暴。实际上,它已获取了迄今最大的快速射电暴样本集,这将有助于揭示宇宙的巨变。比如,早在 2008 年,中国科学家就借助美国卫星在 2006 年 6 月 14 日发现的一种持续时间长达 102 秒的射电暴,巧妙地找到了种子黑洞(即中等质量黑洞)的间接证据,引起了全球轰动。原来,在宇宙中有时会爆发一种高能的伽马射线暴。当该射线暴的持续时间超过 2 秒时,就称为"长暴"。长暴的能量很大,通常产生于大质量恒星塌缩时形成黑洞的过程中,这当然也就是种子黑洞存在的间接证据。实际上,种子黑洞并非将恒星一口吞掉,而是在逐渐将其俘获后,凭借自身巨大的质量所产生的引力,逐步撕裂和瓦解恒星,最终逐步完成吞咽过程。其间,便会快速释放奇怪的长暴,具体说来:若黑洞的质量非常大(如大于种子黑洞),那在其巨大的引力下,长暴根本就来不及出现;若黑洞的质量很小(如小于种子黑洞),那它的引力也不足以产生长暴。因此,只有种子黑洞才可能产生长暴。

"中国天眼"的超强本领当然还有很多,比如,它还能全面观测宇宙中的氢,揭示银河系的吸积过程,发现更多的暗星系和特殊星系等。

亚洲最大射电望远镜

助力嫦娥探月

2012 年 10 月 28 日，当时的亚洲最大射电望远镜在我国落成，从而实现了中国建设世界级大型射电望远镜的梦想。该射电望远镜的直径达 65 米，在同类望远镜中的系统综合性能位列世界前三，它将为中国的探月工程和深空探测等提供有力支撑。

我国为什么要建设如此庞然大物呢？原来，大型射电望远镜是深空探测器导航和天文学研究等领域的关键基础设施，代表着一个国家的综合创新能力。在国际上，澳大利亚、德国、美国和意大利都先后建设了直径分别为 64 米、100 米、110 米和 64 米的大型射电望远镜。从 2007 年起，中国相继建设了直径从 25 到 50 米不等的四台射电望远镜，对“嫦娥一号”的精密定轨任务做出了重大贡献，但与国际先进水平相比，我们的射电望远镜还存在着诸如天

图 3　射电望远镜

线口径小和工作频率低等缺点,这就严重制约了未来执行更宏伟的深空探测和射电天文观测的研究能力。

建设65米射电望远镜便是成功的战略布局,而后来中国探月工程的顺利推进也有力地证实了这种战略布局的正确性和前瞻性。实际上,从"嫦娥三号"起,该射电望远镜就开始发挥了不可替代的重要作用。比如,"嫦娥三号"于2013年12月15日开始携带"玉兔"月球车在月面上工作,以200米每小时的速度和每一步7米左右的节奏巡视月面,并与留在落月点的着陆器一起,进行了为期3个月的探测活动,重点探测月表形貌和地质构造、地球等离子体层、月面物质成分和可利用的资源等。

紧接着,"嫦娥四号"又于2019年1月3日上午10点26分在月球背面成功着陆,并开创了若干个"首次":使我国成为首个在月球正面与背面均完成探测器软着陆的国家;首次进行了超地月距离的激光测距试验;首次在月面开展了生物科普展示;首次开展了国际合作载荷搭载和联合探测;首次实现了月球背面软着陆与巡视探测;首次实现了月球背面着陆器和月球轨道微小卫星的甚低频科学探测,并在运载火箭多窗口、窄宽度发射和入轨精度等方面达到了国际先进水平;首次实现了月球背面与地球的中继测控通信,并成功传回了全球首张近距离拍摄的月球背影图像,揭开了古老月球背面的神秘面纱,在月球背面留下了中国探月的第一行足迹,开启了人类探索宇宙奥秘的新篇章等。

最近,在该射电望远镜的帮助下,"嫦娥五号"又于2020年12月17日凌晨1点59分,带着珍贵的月壤成功着陆地球!这可不简单哟!作为我国复杂度最高、技术跨度最大的航天工程,"嫦娥五号"至少创造了五个"中国第一":

第一次带回了天外物体。这可以帮助科学家弄清月球的成分,弄清月球上是否有水。

第一次从地外天体点火起飞,精准入轨,并顺利回家。这为今后开通"月球穿梭班车"提供了可能性,没准儿今后你就能去月球上班了呢!

第一次实现了月球轨道的自动对接和样品转移。哇,今后来自所有天体的飞行器都可以与太空舱对接啦，没准儿你就能邀请火星人回家了哟！

第一次以接近第二宇宙速度携带月球样品再次返回地球。这简直就是科幻奇迹,看来我国的太空飞行技术已赛过孙悟空了！

第一次建立了我国的月球样品存储、分析和研究系统。取回月壤只是起步,随后的分析工作还多着呢。嫦娥等你来探秘哟！

1400万亿电子伏特的光子

高能宇宙线探测

2021年5月17日，《自然》杂志报道，我国科学家在银河系内发现了12个超高能宇宙线加速器，并首次观测到了迄今最高能量的光子——1400万亿电子伏特的伽马光子，它们来自天鹅座内非常活跃的恒星形成区域。

该发现意味着超高能伽马天文观测的新时代即将来临，因为该发现突破了人类对银河系粒子加速的传统认知，揭示了这样一个令人感到意外的事实：银河系内普遍存在着能把粒子加速到1000万亿电子伏特的宇宙线加速器。这将有助于进一步解开宇宙线的奥秘，因为这些加速器可能是超高能宇宙线之源，从而在解决宇宙起源这一基础科学难题方面迈出了重要一步。该发现还表明，年轻的大质量星团、超新星遗迹、脉冲星风云等，都是银河系超高能宇宙线起源的最佳候选天体。该发现也要求科学家重新认识银河系高能粒子的产生、传播机制，探索极端天体现象及其相关的物理过程，并在极端条件下检验基本物理规律。

宇宙线是来自宇宙空间的高能粒子流，其起源问题一直备受关注。以往在银河系内观测到的所有天体，都不能将宇宙线加速到1000万亿电子伏特。过去观测到的超高能伽马射线最多只有957万亿电子伏特，相比之下，人类在地球上建造的最大加速器，也只能将粒子加速到10万亿电子伏特而已。

除众多中国科学家之外，本次重大发现的头号功臣当数目前正在建

图 4 中国高海拔宇宙线观测站

设中的中国高海拔宇宙线观测站。它是以宇宙线观测研究为核心的国家重大科技基础设施,其核心目标就是探索高能宇宙线起源以及相关的宇宙演化、高能天体演化、暗能量和暗物质的研究,广泛搜索宇宙中尤其是银河系内部的伽马射线源,测量更高能量的弥散宇宙线的成分与能谱,揭示宇宙线产生、加速和传播的规律。

我国为什么要耗巨资来建设高海拔宇宙线观测站呢?原来,作为太阳系外唯一的物质样本,在过去 100 多年间,宇宙线及其起源一直是人类探索宇宙及其演化的重要途径。与宇宙线相关的探索已产生了若干个诺贝尔奖,但人类始终没能发现宇宙线的起源。宇宙线起源问题因此成为跨越物质最小单元夸克到整个宇宙的自然科学在 21 世纪所面临的基本问题之一,而中国高海拔宇宙线观测站正是解决该问题的重要工具之一,因为海拔越高,大气层的影响就越小,观测效果就越好。

为了探索宇宙线的起源,全球的天文学家既合作又竞争,组成了多个研究团队。比如,伽马天文实验团队尤为活跃,在过去 20 年内发现了 150 多个可能存在宇宙线之源的天体,孕育着实现突破的重大机遇。为了与伽马天文实验团队竞争,美国开始建设高海拔宇宙线观测站,并将其海拔高度从第二代的 2700 米提升到 4100 米,并借此将灵敏度提高了十几倍,该观测站已于 2014 年开始观测工作。欧洲也不甘落后,启动了更加宏伟的切伦科夫望远镜阵列计划,耗资 2 亿欧元对现有实验设备升级换代,试图用其传统的定点观测装置覆盖更宽大的区域。

中国后来居上，于 2018 年开始建设世界上海拔最高、规模最大、灵敏度最高的宇宙线观测站，该观测站位于四川省稻城县海拔 4410 米的海子山上。令人意想不到的是，中国仅用了 3 年时间，甚至在观测站还未最终建成时就取得了全球领先的观测成果！我们坚信，中国站将在今后取得更大成就。

“羲和号”
探索太阳的卫星

“羲和号”是中国首颗太阳探测试验卫星，准确地说，是国际首颗太阳氢阿尔法(Hα)波段光谱探测卫星。它填补了太阳爆发源区高质量观测数据的空白，也提高了我国在太阳物理领域的研究能力，更对我国空间科学探测及卫星技术的发展具有重要价值。这既意味着我国对太阳的探索计划已正式开始，也意味着中国在国际相关科研领域的地位将进一步提升，话语权将进一步扩大，中国的航天实力整体增强。“羲和号”于2021年10月14日18时51分发射升空，运行于高度为517千米的太阳同步轨道上，主要的科学载荷为太阳空间望远镜。

图5 “羲和号”

什么是Hα波段光谱？它又有什么作用呢？原来，它是氢原子的一条谱线，波长约为656纳米，位于可见光的红光范围内。该波段是研究太阳活动在光球和色球响应时的最好谱线之一。科学家通过对它进行分析，便可获得太阳爆发时的大气温度、速度等物理量的变化，有助于

研究太阳爆发的动力学过程和物理机制。

“羲和号”的优势在哪呢？原来，该卫星在轨运行时，将无干扰地观测太阳耀斑和日冕物质抛射的光球及色球表现，探究太阳爆发的源区动态特性和触发机制，探测太阳暗条形成和演化与太阳爆发的内在联系等。

为什么世界各国都很重视太阳探测工作呢？首先，这是因为太阳的变化对人类文明的演变有着极为明显的影响；其次，太阳对地球本身的影响力也非常大，比如，地球整体气候和自然环境的变迁都会受到太阳的巨大影响。

中国的探日卫星为什么要叫“羲和号”呢？原来，羲和是中国上古神话中的太阳女神，也是传说中最早的天文学家和历法家。在历史上，羲和的原始形态经历了多种变化，由最初的“日母”演变成“日御”，即驾驭太阳的神祇，后来又演变成太阳神和天文史官的代表人物等。探日卫星之所以取名为“羲和号”，其实是想让该卫星“效法羲和驭天马，志在长空牧群星”。

有关羲和的神话故事很多，其中最著名的故事出自《山海经·大荒南经》的“羲和浴日”。故事中，善良、慈爱、无私的太阳女神羲和是东夷人祖先帝俊的妻子，她与帝俊生了十个儿子，也就是十个太阳。他们住在东方海外的汤谷，那里有一棵大树，名叫“扶桑”，所以那里的地名也叫“扶桑”。这棵大树高三百里，顺之攀登便可到天上，所以它又叫通天神树，十个太阳就住在这棵大树上。

十个太阳每天轮流在天空值班，其余九个太阳就在扶桑树上休息。早上，不论哪个太阳值班，都由母亲羲和驾车伴送。这辆车子很壮观，由 6 条巨龙牵引。从起点汤谷到终点蒙谷，共有 16 站，正好是一天的路程。每当车到达第 14 站悲泉时，当天值班的太阳儿子就得下车步行，羲和则驾着空车赶回汤谷，为伴送明天值班的孩子做准备。每天早上，值班的太阳在离开扶桑登上龙车前，羲和一定先要在咸池里给他洗个澡。羲和还常常带着孩子们在东南海外的甘渊一块洗澡，甘渊的水十分甘美，羲和把一个个孩子都洗得干干净净、漂漂亮亮。

但有一天，不知何故，十个太阳一齐飞上了天空，强烈的阳光使地面十分干旱，不仅晒枯了庄稼，还把求雨的女巫也晒死了，一时间民不聊生。帝俊大怒，便命后羿带着一捆白箭和一张金弓来到人间射日，惩罚作恶的太阳们。后羿很快就射下了九个太阳，于是大地又恢复了生机。

“悟空号”
暗物质探测卫星

2017 年 11 月 30 日,《自然》杂志报道,中国的“悟空号”卫星发现了疑似暗物质的踪迹,首次检测到了电子宇宙射线能谱在 14000 亿电子伏特能量处的异常波动。这可是一个重大发现,因为,若后续研究证实了该异常波动确与暗物质相关,那这将是一项具有划时代意义的科学成果。即便该异常波动与暗物质无关,它也可能带来对现有科学理论的突破。

图 6 “悟空号”

立此大功的“悟空号”是一颗暗物质探测卫星,与国际上的同类卫星相比,它具有三个显著优势:一是能够测量到非常高的宇宙线能量,可以测量到 1 万吉电子伏;二是能量分辨率很高,可以达到 1%,测得非常准;三是测量能量的本底比较低,换句话说,它区分电子和质子的能力非常强。

“悟空号”其实是一个空间望远镜,有效载荷质量为 1410 千克。它的主要科学目标是想以更高的能量和分辨率来测量宇宙射线中正负电子之比,以便找出可能的暗物质信号。它既有可能帮助人类理解高能宇宙射线的传播机制，也有可能帮助人类在高能γ射线天文学方面有新发现。

虽然人们至今对暗物质的了解并不多，但有关它们的故事可不少。比如，早在1922年，人们就提出了“暗物质”的概念，并猜测可以通过星体的异常运动来间接推断出星体周围可能存在的不可见物质，即暗物质。

1933年，天体物理学家在利用光谱红移测量了后发座星系团中各个星系相对于星系团的运动速度后，发现星系团中星系的速度弥散度太高，仅靠可见星系产生的引力将无法束缚住星系团。因此，该星系团中可能存在大量暗物质，其质量超过可见星系的上百倍。1936年，另一位科学家在观测室女座星系团时，也得出了类似结论。

1939年，天文学家在研究仙女座大星云的光谱时，发现星系外围的区域中星体的旋转速度明显偏快，这暗示着该星系中可能存在大量暗物质。

1940年，人们在研究星系NGC3115外围区域星体运动速度时，更发现此处的暗物质质量竟然超过可见物质的250倍。

1959年，科学家在研究彼此吸引的仙女座大星云和银河系之间的相对运动时，通过比较它们相互靠近的速度和彼此间的距离，推论出银河系中的暗物质超过可见物质约10倍。

1970年，人们又给出了暗物质存在的另一个重要证据。原来，在研究仙女座大星云中星体旋转速度时，人们发现星系中可能广泛存在大量的不可见物质，其质量远大于发光星体质量的总和。在1973年，该结论又被另一组科学家从另一角度进行了证实。

20世纪80年代以后，终于出现了大批支持暗物质存在的新观测数据，暗物质开始被天文学界广泛认可，甚至有人估计宇宙中暗物质占全部物质总质量的85%。时至今日，全球科学家仍在通过各种手段来努力探索暗物质。

另外，中国的暗物质探索卫星之所以取名为“悟空”，当然是想借助那齐天大圣的火眼金睛来寻找暗物质嘛！

宇宙全尺度暗晕的模拟

暗物质云团

2020年9月2日，《自然》杂志报道，由我国科学家领衔的国际研究团队，耗时5年，利用超级计算机，采用全新的多重放大模拟技术，首次模拟出了宇宙中从最小类似于地球质量，到最大类似于超级星系团的暗晕内部结构的清晰图像。科学家由此发现，所有暗物质的暗晕竟然均具有极为相似的内部结构，即，它们都是中心致密，往外逐渐稀疏，且有许多更小的暗物质团块在其外部空间环绕。

所谓暗晕，就是由暗物质在引力作用下，经塌缩而形成的团状物质。暗物质虽不可见，但暗晕却是孕育光明世界的摇篮。这是因为普通物质的气体会通过冷却聚集于暗晕中心，从而形成璀璨的恒星、星系及我们所能观测到的整个光明世界。

图7　暗物质云团想象图

中国科学家的本项成果所模拟的质量放大倍数跨越了30个数量级。形象地说，其放大程度相当于在月球表面图片中可找到一只跳蚤。因此，这对模拟原初条件的精度、程序的精确度和可靠度均提出了巨大挑战。本次模拟可能有助于验证“暗物质并非完全黑暗”的猜测。

目前，暗物质的存在性虽已得到广泛认同，但人们对暗物质的属性仍了解得很少。

已知的暗物质属性仅仅包括以下有限的几个方面：

(1)暗物质能参与引力相互作用，所以它应该是有质量的，但单个暗物质粒子的质量到底有多大，目前还不能确定。

(2)暗物质应是高度稳定的。这是由于在宇宙结构形成的不同阶段都有存在暗物质的证据，暗物质应该在宇宙年龄(百亿年)时间尺度上是稳定的。

(3)暗物质基本不参与电磁相互作用，它与光子的相互作用也非常弱，以至于暗物质基本不发光。暗物质也基本不参与强相互作用，否则原初核合成的过程将受到扰动，轻元素的丰度也将发生改变，从而导致与当前的观测结果不一致。

(4)通过模拟宇宙大尺度结构的形成可知，暗物质的运动速度应该远低于光速，否则我们的宇宙将无法在引力作用下形成观测到的大尺度结构。

综合这些基本属性可知，暗物质粒子不属于人类已知的任何一种基本粒子，这对当前极为成功的粒子物理标准模型构成了极大挑战。

目前，暗物质的探测手段主要有三类：

一是直接探测法。它的原理很简单。如果暗物质是由微观粒子构成的，那么随时都会有大量的暗物质粒子穿过地球。如果某个粒子撞击了探测器物质中的原子核，该探测器就能检测到原子核能量的变化。为了最大限度地屏蔽其他宇宙射线的干扰，暗物质直接探测实验室往往都建在地下深处。

二是间接探测法。既然银河系中存在大量的暗物质粒子，那就该探测得到它们湮灭或衰变时所产生的常规基本粒子，因此，就可以在天文观测中间接找到这种湮灭或衰变信号，比如，宇宙线中的高能伽马射线、正负电子、正反质子、中子、中微子等宇宙线核子。

三是对撞机探测法，即在实验室里产生暗物质粒子。因此，在高能粒子对撞实验中，可能有尚未被发现的暗物质粒子。比如，它们可能会导致被探测器检测到的对撞产物粒子的总能量和动量出现丢失的现象，从而有助于判断对撞机中产生的粒子是否为暗物质粒子。

但愿人类能使用上述方法尽早找到暗物质！

成功获得反物质

超强超短激光的新成就

2016年3月7日，《等离子体物理》杂志报道，中国科学家利用超强超短激光成功获得了一种反物质——超快正电子源。这是我国首次利用激光产生的反物质，它将对材料的无损探测、癌症诊断、高能物理、激光驱动正负电子对撞机等领域产生重大影响，比如，由于该反物质的脉宽只有飞秒量级，因此探测的时间分辨率将大大提高，这能帮助科学家研究物质特性的超快演化。多年来，中外科学家都一直在探索利用激光产生反物质的有效方法，因此中国科学家的这项成果很快就得到了国际同行的广泛关注。

说起反物质，可能许多人还不知道这样一个重要事实：全球率先发现反物质的物理学家竟然是一位中国人，他就是被称为“清华史上最牛乞丐”的赵忠尧。当年，衣衫褴褛的他拖着一根“打狗棒”，抱着一个菜坛子，想要面见时任清华大学校长的梅贻琦先生，结果竟被门卫给轰了出去。幸好被梅校长及时发现，才上演了一场倒屣迎宾的悲喜剧，因为，那个菜坛子中竟藏有高能物理的稀世珍宝！

图8　超强超短激光

赵忠尧，1902年6月27日出生于浙江，1930年获美国加州理工学院博士学位，其间拜著名物理学家、诺贝尔物理学奖得主密立根为师。不久后，他就在反物质（正电子）的发现方面取得了重大进展。可惜，其成就在当时并未受到足够重视，而他的同学安德逊后来竟因观测到正电子的足迹而获得了诺贝尔物理学奖。赵忠尧的成果为人类研制正负电子对撞机提供了理论基础，这也奠定了他在世界高能物理学界的崇高地位。

1931年，赵忠尧又前往英国剑桥大学，师从卡文迪许实验室主任、著名物理学家卢瑟福。由于他的表现十分突出，在他学成归国时，卢瑟福竟然送给了他一件无价宝——50毫克放射性实验镭！这令赵忠尧备受感动，后来他历尽千辛万苦，终于将这件宝贝带回了祖国，并以此在清华大学开设了中国首个核物理课程，主持建设了中国第一个核物理实验室，为我国的原子能事业培养了一大批栋梁之材，比如王淦昌、钱三强、邓稼先、朱光亚、周光召等，甚至连杨振宁和李政道等也都曾受业于他。

1946年，赵忠尧受命前往比基尼岛参观美国的原子弹爆炸试验，之后又在麻省理工学院和加州理工学院等地进行了核物理和宇宙线研究。1950年8月，赵忠尧克服重重困难，终于在洛杉矶登上了“威尔逊总统号”邮轮，开始了艰难的回国之旅，最终于当年11月28日回到了中国。接着，他就马不停蹄地开始参与筹建中国科学技术大学，并担任近代物理系系主任，同时继续从事核物理研究，还主持建成了我国的第一台质子静电加速器，为我国的核物理实验基地建设做出了重要贡献。

在历经多年坎坷后，赵忠尧于1998年5月28日逝世，享年96岁。

赵忠尧去世后，其弟子、诺贝尔奖得主李政道深情回忆说：“赵老师本该是首个获诺贝尔物理学奖的中国人。”“我们要缅怀赵老师为近代物理学中量子力学的发展，为新中国科技教育事业所做的卓越贡献，以及他一生为人正直、忠于科学、潜心研究，朴素无华、实实在在的科学精神。”

赵忠尧的同事、诺贝尔奖获得者丁肇中也客观公正地评价说：“早在20世纪30年代，赵忠尧教授就在发现正负电子湮没方面做出了巨大贡献，他确实是正负电子产生和湮灭过程的第一发现者，没有他的发现就没有现在的正负电子对撞机，也就没有今天的高能物理研究。”

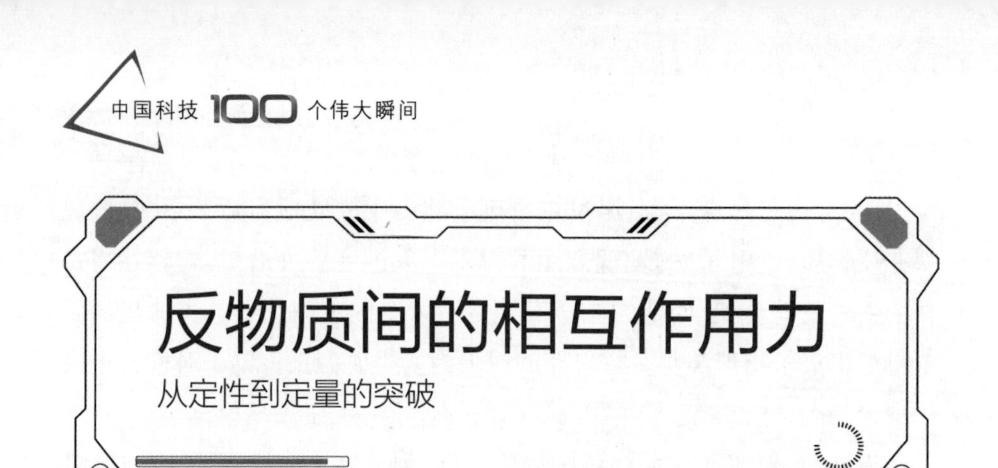

反物质间的相互作用力

从定性到定量的突破

2015年11月19日，《自然》杂志报道，中国科学家首次发现了反质子之间存在很强的吸引力，甚至可以克服反质子之间由于同为负电荷所产生的排斥力，并结合成反物质的原子核。科学家们测得的结果，为两个反质子间相互作用提供了直接信息，为进一步理解更复杂的反原子核及其属性奠定了基础。此次对反物质间相互作用的首次定量测量，标志着人类对反物质的研究进入了新篇章，实现了从定性观测到定量相互作用研究的历史性跨越，将对人类理解反物质的形成机制起到关键作用。

由于反物质很难获得，以致此前人们一直没有机会研究反物质间相互作用力的定量测量。这一次，中国科学家让两束接近光速的金核对撞，并以此模拟宇宙大爆炸，从而产生了类似于宇宙大爆炸之后几微秒的物质形态，即由基本粒子组成的等离子体物质形态，具有相当于太阳中心25万倍的极端高温。然后，等离子体迅速冷却产生大约等量的质子与反质子，这才为本次研究反质子间的相互作用提供了机会。

什么是反物质呢？反物质就是正常物质的反状态，比如，正电子就是电子的反物质。一般情况下，粒子与反粒子不仅电荷相反，其他一切能相反的性质也都相反。当正反物质相遇时，双方就会相互湮灭抵消，发生爆炸并按爱因斯坦的质能转换方程产生巨大能量。比如，若1克正物质与1克反物质相遇，它们湮灭后所产生的能量将相当于约4颗广岛原子弹的

图 9　大型对撞机

威力，或相当于 4.3 万吨 TNT 炸药爆炸的威力，或相当于 5000 万千瓦时电所产生的能量。

最早提出反物质概念的是英国物理学家狄拉克，他在 1928 年就首次预言并论证了正电子的存在。1930 年，中国科学家赵忠尧在正电子湮灭方面取得重大突破。1932 年，美国物理学家安德逊在实验室中又发现和证实了狄拉克预言的正电子，并因此而获得了诺贝尔物理学奖。1955 年，英国物理学家西格雷用人工方法获得了反质子。如今，科学家们已发现，几乎所有的粒子都有反粒子，而没有反粒子的粒子倒成了稀罕物。

已有越来越多的证据表明，宇宙在最早的诞生时期，正反粒子都是以物质和反物质的形式成对出现的，因此，那时的绝大多数粒子都已湮灭了。如果宇宙中的一切都是完美对称守恒的，那就不会出现当前的世界了。幸好，宇称并不守恒，所以，这种不完美的、多出的那些正物质就组成了我们的世界。当然，也有这种可能，即在宇宙的某处，也许存在一个由反物质组成的世界，只是现在人们还没能找到它们而已。

不过，在地球上肯定不存在肉眼能看见的、宏观状态下的反物质，否则它们将与正物质一起湮灭，并发生惊天动地的大爆炸。但令人出乎意料的是，我们身边到处都存在着微观状态下的反物质，即各种反粒子。比如,在人类和许多动植物体内都存在着一种同位素元素——钾-40,它随时都会释放正电子,只是这些正电子很快就与现实世界中的负电子发生了湮灭,同时由于单个正负电子对所释放的能量仅相当于百万亿分之一瓦,因此人们根本无法感受到如此微小的湮灭爆炸。

中微子振荡新模式

反物质消失之谜

2012 年 3 月 8 日，中国科学家宣布：基于大亚湾核电站建设的大亚湾中微子实验室发现了一种新的中微子振荡模式，并测到其振荡概率。该成果是对物质世界基本规律的一项新认识，对中微子物理未来发展方向起着决定作用，并将有助于破解宇宙中的“反物质消失之谜”，即：为什么宇宙中的物质和反物质是不对称或不均匀的。

图 10　大亚湾核电站

取得本项成果的艰难之处体现在哪里呢？原来，中微子是一种极难被探测到的基本粒子，它们在微观的粒子物理和宏观的宇宙起源及演化中都极为重要。中微子共有三种类型，它可以在飞行中从一种类型转变成另一种类型，这就被称为“中微子振荡”。在此之前，已知的中微子振荡模式主要有两种,一种叫“太阳中微子之谜”,另一种叫“大气中微子之谜”。这两个谜底均已被揭开，其发现者也因此获得了2002年诺贝尔物理学奖。但人们一直没能发现其他新的振荡模式,甚至有理论预言不再有其他新模式,直到中国科学家终于找到了第三种振荡模式,否定了这种预言。难怪该成果被评为2012年“中国科学十大进展”!

本项成果所涉及的问题为什么非常重要呢?原来,曾经在很长一段时间里,人们一直认为宇称在所有物理过程中都是守恒的,直到1956年杨振宁和李政道在理论上指出“在弱相互作用中宇称不守恒”,并因此获得了1957年的诺贝尔物理学奖。后来,又有物理学家发现电荷-宇称的联合不守恒,并因此也获得了诺贝尔物理学奖。

长期以来，全球科学家都在通过核反应堆或大型对撞机等看似完全不同的手段,借助各种原子或亚原子的微小粒子,来验证宇称守恒是否成立。而各方面的事实多次表明,中国科学家在物质和反物质的研究方面具有明显的相对优势。比如,2010年4月2日,《科学》杂志报道,中国科学家在相对论重离子对撞机上,发现了首个反超氚核,它是目前人类所发现的最重的反原子核,也是第一个含有反奇异夸克的反物质原子核。

从表面上看,中国科学家在反超氚核方面的发现打开了“核世界”的一扇新大门。这可能会对人类认识宇宙产生重大影响,因为反超氚核可能曾普遍存在于宇宙诞生的初期；也可能对解释中子星的模型大有帮助,因为理论认为中子星内部存在超氚核这样的奇异物质;还可能对相对论重离子对撞所产生的高温高密新物质的演化等有重要帮助等。但是,从实质上看,中国科学家研究反超氚核的另一个更重要的目的,仍然是想验证宇称是否守恒。

令人感到意外的是，在宇称守恒方面的最基础成果竟然来自于纯粹数学,准确地说,是来自一位被称为“数学界的雅典娜”的美女数学家艾米·诺特,就连爱因斯坦都称她为“有史以来最伟大的女数学家”。她的“诺特定理”已成为今天研究宇称守恒和黑洞的利器,她的许多成果至今仍是科幻小说的追捧对象。

然而，诺特的一生却是罕见的悲剧，是一场妇女遭受歧视的历史悲剧。虽然她以优异成绩考上了大学,但只能注册为旁听生;虽然她各门功课名列前茅,但始终拿不到毕业文凭;虽然她的科研成果获得了希尔伯特等全球顶级数学家的大赞,但她连一个正式的教职都得不到。

最后,这位终生未嫁的犹太妇女,于 1935 年 4 月 14 日死于逃离纳粹德国的途中,年仅 53 岁。

反应堆中微子能量谱

探索宇宙形成之谜

2016年2月15日，由中国科学家牵头的科研团队公开宣布：已经成功测得了迄今为止最精确的反应堆中微子能量谱，甚至还发现了与理论预期之间的两处偏差。该成果毫无悬念地被评为2016年的“中国科学十大进展”之一。

图11　捕捉中微子的探测器

本项成果的重要科学价值体现在哪里呢？原来，过去人们基于对反应堆中裂变过程的粗略理解，提出了中微子能谱的相关理论模型，并通过计算或其他间接方法来给出估算结果。而这次中国的科研团队却借助大亚湾核反应堆，给出了最精确的且与模型无关的能谱测量，总共分析了217天，包含30余万个中微子的数据。在大部分能量范围内，都使中微子能谱达到了前所未有的精度，从而为人们改进相关的理论模型提供了坚实的实验基础。

为什么要研究中微子呢？原来，中微子是在宇宙大爆炸时期产生最多的粒子之一，研究中微子就有可能揭示宇宙的形成等未解之谜。中微子也是核反应堆发电时得到的副产物，这就让科学家能借机研究中微子，比如，搞清中微子的能谱是什么，即反应堆总共发射了多少个中微子，其中不同能量的中微子各占多少比例等。

什么是中微子呢？中微子是以接近光速运动的基本粒子，它不带电荷，只参与弱相互作用，因此极难探测其踪迹。中微子几乎能不受干扰地穿过任何宏观物质，比如，大多数穿过地球的中微子都来自太阳，每秒钟都有至少50万亿个中微子正穿过你的身体。科学家普遍认为：中微子具有大于零的质量，但该质量太小，以致难以测量。中微子可通过某些放射性衰变或核反应产生，例如在太阳内、在核反应堆内或在宇宙线击中原子时，都可能产生中微子。每一个中微子粒子都有一个反粒子，称为反中微子。当一个质子变成一个中子时，必定伴随产生一个电子中微子。反之，当一个中子变成一个质子时，也必定伴随产生一个电子反中微子，这就是β衰变的两种形式。

中微子的概念虽然是由著名物理学家、诺贝尔奖得主沃尔夫冈·泡利于1930年提出的，但首次建议利用β衰变来俘获和探测中微子的人，却是一位中国人，他就是我国核科学的主要奠基者王淦昌院士。

王淦昌，1907年出生于江苏，从小就非常聪明，不仅过目不忘，还极富好奇心。他在孤身前往上海读高中时，选择进入技校学习开汽车和修汽车，须知汽车在当时可谓是凤毛麟角。1925年，他以优异成绩考入清华物理系，毕业后留校任教。由于各方面表现突出，他于1930年获得留学德国的难得机会，并师从著名的物理学家、“原子弹之母”莉泽·迈特纳。

1933年，王淦昌提出了一种可能发现新粒子的有效方法，即利用云雾室来探测粒子的辐射性质。可惜，该建议未被采纳，王淦昌也因此第一次与诺贝尔奖失之交臂。仅仅两年后，另一位科学家就借助云雾室方法发现了中子,并获得诺贝尔奖。1942年,已是浙江大学教授的王淦昌,在极其艰难的抗日战争期间，竟然又躲在贵州的大山里取得了惊人成就，提出了一种探测中微子的新方法。可惜,由于当时实验环境的限制,他又一次与诺贝尔奖擦肩而过，而某位美国科学家抢先验证了王淦昌的方法,并摘走了中微子研究的首个诺贝尔奖。

1998年12月10日,“两弹一星功勋奖章”获得者王淦昌院士去世，享年91岁。

迄今最大的恒星级黑洞

开启批量发现黑洞新纪元

2019 年 11 月 28 日，国际学术期刊《自然》杂志发布了一条爆炸性新闻：来自中国、美国、西班牙、澳大利亚、意大利、波兰和荷兰 7 个国家 29 家单位的 55 位科学家，发现了一颗迄今为止质量最大的恒星级黑洞，同时还给出了寻找黑洞的新方法。接下来，天文学家有望再发现一大批深藏不露的“平静态”黑洞，从而开创批量发现黑洞的新纪元。

这颗 70 倍太阳质量的黑洞，远超理论预言的质量上限，已进入现有恒星演化理论的“禁区”，颠覆了人们对恒星级黑洞形成的认知，将使天文学家改写恒星级黑洞的形成模型，有望推动恒星演化和黑洞形成理论的革新，甚至有可能推动黑洞天体物理研究的复兴。原来，目前恒星演化模型只允许在太阳金属丰度下形成最大为 25 倍太阳质量的黑洞。黑洞是一种本身不发光、密度非常大的神秘天体，虽然理论预言银河系中有上亿颗恒星级黑洞，但迄今为止，天文学家仅在银河系发现了不足 30 颗恒星级黑洞，且质量均小于 20 个

图 12 黑洞想象图

太阳的质量。

黑洞给人留下的最深刻印象是，它能吞噬一切，甚至连光线也在劫难逃。到目前为止，人类对黑洞的研究已走过了230多年的历史，已从概念猜想发展到了可以合成黑洞照片的新阶段。

最早的时候，科学家们根据牛顿万有引力理论猜测：宇宙中可能存在某种天体，其逃逸速度超过光速，也就是能把光都吸进去的“黑暗星球”。现在看来，这种猜测当然有问题，毕竟牛顿理论在解释某些天体运行时本来就存在偏差。

到了1915年，人们终于意识到，爱因斯坦的广义相对论也许才是研究黑洞更有效的工具，但马上又发现了一个问题，那就是：若某个天体的质量足够大，以致其逃逸速度超过了光速，那就意味着包括光在内，任何东西都不能逃离它，于是就形成了广义相对论基础上的黑洞概念雏形。此时，黑洞的密度必须足够大，以至像葡萄大小的一个黑洞，其质量就相当于整个地球的质量！这样的黑洞真的存在吗？甚至包括爱因斯坦本人在内的许多科学家都对此持怀疑态度！

到了20世纪60年代，黑洞的概念才正式出现，相应的理论框架也才成形。科学家给出了黑洞成因的基本解释：每个星体都有其有限的寿命，当恒星衰老时，其持续不断的热核反应将消耗掉星体内的燃料和能量，从而使得该恒星再也无法支持其外壳的巨大重量。于是，在外壳的重压下，恒星开始向内无限塌缩，直到形成体积接近无限小、密度接近无限大的星体，并最终使得光线也无法逃逸，这就形成了黑洞。

黑洞虽然无法被直接观测，但今天已可借由间接方式得知其存在性与质量，并且观测到它对其他事物的影响。比如，借由物体被黑洞吸入之前“因黑洞引力带来的加速度所导致的摩擦而放出X射线和γ射线”等边缘信息，就可获取黑洞存在的信息。又比如，也可借由间接观测恒星或星际云气团的绕行轨迹来推测出黑洞的存在，甚至还能计算其位置和质量等。

实际上，早在2019年4月10日晚9点，人类就成功获得了首张黑洞照片,并于2021年3月24日晚10点公布了该照片。该黑洞位于室女座一个巨椭圆星系的中心，距离地球5500万光年，质量约为太阳的65亿倍。2022年5月12日晚9点,科学家们又在一个名为“事件视界望远镜”的科研计划中(该计划以观测星系中心超大质量黑洞为目标),获得并公布了银河系中心的另一张黑洞照片。2022年6月13日,人们首次发现了一个非常特殊的隐藏在黑洞中的黑洞。

“慧眼”卫星

可探黑洞的多功能巡天望远镜

2018年1月30日，硬X射线调制望远镜卫星“慧眼”正式投入使用，从而填补了我国天文研究的一个空白，实现了从地面观测向天地联合观测的飞跃，对提高我国的国际地位和影响力具有重要意义。

图13 “慧眼”

“慧眼”的主要任务有四个：一是进行巡天观测，发现新的高能变源和已知高能天体的新活动；二是观测和分析黑洞、中子星等高能天体的光变和能谱性质，加深对相关星体的高能辐射过程的认识；三是研究黑洞的形成过程；四是对航天器自主导航的技术和原理进行在轨实验。

如今，“慧眼”已多次参加国际空间和地面的联测，获得了不少重要成果，比如，发布了30多个伽马(γ)射线暴的观测结果，直接测量到了目前最强的中子星磁场回旋吸收线，完成了国内最高精度的脉冲星导航试验。特别是它在2021年7月20日首次清晰观测到了黑洞双星爆发过程的全景，揭示了黑洞双星爆发标准图像的产生机制。它还完整探测到了第24个太阳活动周最大耀斑的高能辐射过程，为理解太阳高能辐射随时间演化提供了新的观测结果。

与其他重大科学工程类似，“慧眼”也凝聚了众多科学家的心血。其中，被誉为“中国的居里夫人”的中国高能天体物理学奠基人、中国第一位物理学女博士、第一代核物理学家、中国科学院第一位女院士何泽慧，扮演了不可替代的创始人角色。实际上，早在1993年，她就开始为“慧眼”的立项而四处奔波，直到十八年后的2011年3月，才终于取得阶段性成果，为“慧眼”工程正式立项争取到了国家批复。可是，仅仅三个月后，何泽慧院士就与世长辞了。后来，根据她的名字命名的“慧眼”卫星在2018年正式运行并获得了一连串发现，这也算是对她的在天之灵的一种安慰吧。

何泽慧于1914年出生于苏州，从小就受到良好的教育。她家可谓人才辈出，八个兄弟姐妹中就出了四位物理学家、一位植物学家和一位医学家，而天赋异秉的何泽慧更是巾帼不让须眉。1932年高中毕业后，她就以优异成绩考上了清华大学物理系，并以排名第一的成绩顺利毕业。你也许会问，那排名第二的人是谁呢？嘿嘿，告诉你吧，他就是何泽慧的丈夫、我国“两弹一星”的元勋钱三强院士。

清华大学毕业后，她远渡重洋来到德国，在柏林工业大学攻读物理学研究生。那时，中国正处于内忧外患的多事之秋。怀着满腔报国热情的她，为了能为中国的抗日事业做出更大贡献，竟然果断改换专业，开始从事实验弹道学研究，从而打破了该专业从未招收过外国学生的纪录，也打破了从未招收过女生的先例。

1940年，26岁的何泽慧获得博士学位，但因“二战”爆发，她无法回国效力，只好滞留德国，并于1943年开始从事原子核物理研究。结果，她很快就观测到了原子核正负电子碰撞这一重大现象，被当时的物理学界传为佳话，更为核物理研究做出了重大贡献。1946年“二战”结束，何泽慧终于可以离开战败的德国前往巴黎，并在居里夫人的亲自主持下，与居里夫人的得意弟子钱三强结为夫妇。婚后，他们继续在居里夫人实验室工作，并很快就合作发现了震惊物理学界的铀核三分裂变和四分裂变现象。

1948年，在新中国即将成立之际，何泽慧夫妇毅然回国，全身心支援祖国的核物理事业。果然，第一颗原子弹很快就研制成功了，她的丈夫钱三强也被认为是“中国原子弹之父”。

相对论性高速喷流

揭开黑洞的新面纱

2015 年 11 月 26 日,《自然》杂志报道,中国科学家在国际上首次从超软 X 射线源中发现了相对论性高速喷流,从而打破了天文学界的既往认知,揭示了黑洞吸积和喷流形成的新方式。国际顶级学术刊物《自然》杂志的审稿专家评价说:“此项工作是 2015 年度本领域最重要的五大发现之一”。

长期以来,“黑洞到底是如何吞噬物质并形成喷流的”一直是天体物理学的基本难题和前沿问题。过去,天文学家一直认为,黑洞吞噬物质后不能产生超软 X 射线谱态,且只有在 X 射线低硬谱态或甚高谱态下才会产生相对论性喷流。但是,中国科学家在监测了位于千万光年之外的蜗漩星系 M81 中的极亮超软 X 射线源的光谱后,首次发现其光谱中存有随时间变化蓝移的氢元素发射线,揭示了该系统中存在速度达到 20%光速的相对论性重子喷流。因

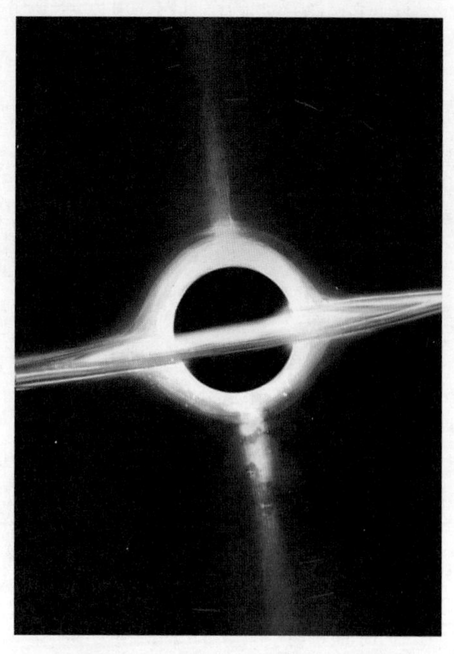

图 14 黑洞吸积和喷流想象图

为，这种相对论性喷流，既不可能由白矮星产生，也不可能由带有超软X射线辐射的中等质量黑洞产生，科学家因此确认了该天体其实是处于超软X射线谱态的恒星级黑洞。

至此，有关黑洞的全生命周期演化过程的内容又更加丰富了。从大的方面来说，黑洞的一生将主要经历吸积、喷流和毁灭三个过程。其中，吸积是天体物理学中最普遍的过程之一，正是因为吸积才形成了现在的宇宙。实际上，在宇宙早期，当气体朝着由暗物质造成的引力势阱中心流动时，就形成了星系。恒星就是由气体云在其自身引力作用下坍缩碎裂并通过吸积周围气体而形成的，行星也是新恒星周围的气体和岩石通过吸积而形成的。当中央天体是一个黑洞时，吸积就会展现出惊天动地、吞噬一切的壮观场面。

喷流可以看作吸积的某种逆过程，比如，英国著名科学家霍金提出的“黑洞蒸发”就是喷流的一种形式。此时，由于量子物理学中的“隧道效应”，将会出现一种奇怪的现象：一般来说，粒子的场强分布会尽可能堆积在能量低的地方，但是即使在能量相当高的地方，场强也会有一定的分布。所以，对于黑洞边界来说，虽然它是一堵能量相当高的“壁垒”，但粒子仍有可能逃离出去。霍金还证明，每个黑洞都有一定的温度，且温度的高低与黑洞的质量成反比。具体来说，大黑洞温度低，蒸发也微弱；小黑洞温度高，蒸发也强烈。当黑洞的质量越来越小时，它的温度会越来越高，因此，当黑洞损失质量时，它的温度和发射率都会增加，质量损失也会更快。

与所有事物一样，黑洞也有自己的寿命，也会最终毁灭。实际上，在结合了广义相对论和量子理论后，霍金发现：黑洞周围的引力场会释放出能量，同时消耗黑洞的能量和质量。换句话说，既然黑洞会发出耀眼的光芒，它的体积就会不断缩小，甚至会爆炸，会喷射物体。具体来说，由于一对正反粒子可以出现在任何时刻和任何地点，假如它们刚好出现在黑洞附近，那将会有两种可能的情况——

情况一，两粒子相互湮灭，此时对黑洞没有任何影响。

情况二,一个粒子被留在黑洞外面,而它的反粒子却被吸入了黑洞,而此种情况就相当于正粒子从黑洞中成功逃逸。为简洁计,假设正粒子携带正能量,反粒子携带负能量,因此,黑洞的总能量就会不断减少。由于能量不能凭空产生,一个携带正能量的粒子从黑洞中逃逸后,就会按照爱因斯坦的质能方程损失一定数量的质量,最终使得黑洞的质量越来越小,使黑洞的喷流越来越剧烈,直到黑洞最终因彻底爆炸而毁灭。

最亮的黑洞

激动人心的新发现

2015 年 2 月 26 日,《自然》杂志报道,中国科学家基于自主开发的有效新方法,利用口径仅为 2.4 米的光学望远镜,首先发现了一个距离地球 128 亿光年、发光强度是太阳的 430 万亿倍、中心黑洞质量约为 120 亿个太阳质量的超级类星体。

图 15　光学望远镜

这是目前发现的宇宙早期最亮、中心黑洞质量最大的类星体,也是第一个利用 2 米级光学望远镜发现红移超过 6(即距离超过 127 亿光年)的类星体。该发现证实了:在宇宙年龄只有 9 亿年时,就已形成质量为 120 亿个太阳的黑洞。这对当前的黑洞理论及黑洞和星系共同演化理论都提出了严峻的挑战,为今后研究早期宇宙的形成和演化提供了一个特殊平台。

人类为什么要在宇宙中寻找各种星体呢? 原来,这是想搞清地球和宇宙的来历。迄今,人类已发现30多万个类星体,其中大约有40个类星体离地球的距离超过127亿光年。每个类星体中心都包含一个质量约为10亿个太阳质量的黑洞,它们疯狂吞噬周围物质,并在黑洞附近释放巨大能量。

可能许多人并不清楚,黑洞不光数量多,其种类也很多。比如,除了中国科学家发现的最亮黑洞之外,人类还发现很多其他极端黑洞。

最大的黑洞。根据质量的不同,黑洞大致分为恒星级黑洞(质量为100倍太阳质量以下)、中等黑洞(质量为100~10万倍太阳质量)和超级黑洞(质量为10万倍太阳质量以上)。其中,相当于70倍太阳质量的最大恒星级黑洞也是由中国科学家发现的。目前人类已知的最大超级黑洞主要有两个:第一个位于距地球3.2亿光年的狮子座星系中央,其质量相当于97亿个太阳;第二个位于距地球3.35亿光年的昏迷星团中央,其质量可能比第一个更大。这两个黑洞的引力范围相当于从太阳到冥王星距离的5倍,它们的质量是银河系中心的最大黑洞质量的2500倍。

最小的黑洞。迄今已知的最小黑洞质量不超过3个太阳,此黑洞虽然很小,几乎接近黑洞稳定所需的理论最小极限,但它却很凶悍,竟能掀起高达时速3200万千米的“狂风”,其“风速”是恒星级黑洞已知最快“风速”的10倍。

最恐怖的黑洞,或称为“食人黑洞”。它们不但能吞噬所有星体,还能吞噬其他漂移得太近的黑洞。实际上,人类已观察到了两个相距仅490光年的巨型食人黑洞。其中,被吞噬的那个黑洞质量相当于100万个太阳,而吞噬者则是另一个质量相当于3000万个太阳的巨大黑洞,它们都分别位于自己所在星系的中央。

最尖锐的黑洞,或称为“子弹黑洞”。它的质量是太阳的5~10倍,位于距地球2.8万光年处。该黑洞将物质从其伴星中拉出,然后以接近四分之一光速的速度,吐出形如子弹的大量气体。

最古老的黑洞。它诞生于大约130亿年前,即宇宙大爆炸仅6.9亿年之后。该黑洞的质量大约为太阳质量的10亿倍。

最居无定所的黑洞,或称为“流浪黑洞”。已知的首个流浪黑洞大约是太阳质量的6亿倍,它以高达950万千米每小时的速度穿越太空,并吞噬所遇到的一切东西。

旋转最快的黑洞。在距地球约3.5万光年的天鹰座中央,人们发现了一个正在高速旋转的黑洞,它的自转速度竟达到950圈每秒,边缘速度略低于光速,高达5.36亿千米每小时。

“太极一号”

中国首颗引力波探测卫星

“太极一号”是中国首颗空间引力波探测技术实验卫星，于 2019 年 8 月底发射升空，同年 9 月 20 日顺利完成第一阶段的在轨测试和数据收集任务。这也意味着搭载在该卫星上的核心测量设备成功实现了在轨应用，为中国开展空间引力波探测奠定了坚实基础。实际上，测试结果表明，该卫星的激光干涉仪位移测量精度高达百皮米数量级，相当于一个原子的直径；引力参考传感器测量的精度高达地球重力加速度的百亿分之一量级，微推进器推力分辨率达到亚微牛顿量级。

图 16 “太极一号”

2021 年 7 月，“太极一号”已圆满完成全部预设任务，实现了我国迄今为止最高精度的空间激光干涉测量，在国际上首次完成了微牛顿量级射频离子和霍尔两种类型的电微推技术的全部性能验证，并率先突破了我国两种无拖曳控制技术。随后，该卫星将进一步执行载荷在轨寿命、性能极限、无拖曳控制策略的优化等扩展性实验任务。今后将有望把哈勃常数的准确度提高到千分之五,把引力波的波源定位精度提升四个数量级。

什么是引力波呢？形象地说,引力波是时空弯曲中的涟漪,它通过波的形式从辐射源向外传播,可穿透电磁波不能穿透的东西。换句话说,引力波是物质和能量的剧烈运动和变化所产生的一种物质波。早在1916年,爱因斯坦就基于广义相对论预言了引力波的存在。相对论认为,引力是时空弯曲的一种效应,一种可归因于质量存在性的效应。通常而言,在给定的体积内,包含的质量越大,在这个体积边界处所导致的时空曲率就越大。当一个有质量的物体在时空中运动时,曲率变化就反映了这些物体的位置变化。在某些特定环境中,加速物体也会影响该曲率的变化,并能使该变化以波的形式向外以光速传播，这种传播现象就称为引力波。所以,引力波也可以理解为这样一种现象:在一定范围内,一个大质量天体产生的引力影响了比它质量小的天体，使后者产生负加速度,进而使其运动轨迹所形成的曲率变大并释放能量。

为什么要研究引力波呢？原来,通过研究引力波,就可以探索宇宙形成之初所发生的事情,可观测遥远宇宙中有关黑洞和其他奇异天体的信息,而这些信息很难用光学望远镜或射电望远镜等传统方式获得。更形象地说,对引力波的精确测量,能让人类更为全面地验证广义相对论。其实,引力波随时都在不断通过地球,引力波的频率也可以为任何值,但频率过高或过低的引力波都很难探测到,因为,即使是最强的引力波效应,它的表现也很微弱,毕竟它们来源于遥远之地。比如,人类至今所知的最强引力波,在穿过13亿光年后才到达地球,它产生的最大时空涟漪,也仅仅将4千米长的检测长臂改变了一个质子直径的万分之一，或者说，仅相当于将太阳系到最近恒星的距离改变了一个头发丝的宽度。

中国在引力波研究方面都有哪些重大计划呢？在过去60多年里,人类在引力波研究方面不断进取,其中最著名的间接观测证据出现于1974年,当时美国科学家利用308米口径射电望远镜,发现了由两颗中子星组成的双星系统。直到2015年,人类才终于发现了引力波的直接观测证据。其间,中国的引力波研究也在不断推进。早在20世纪70年代,中国就开始了引力波研究,可惜过程中停滞了十几年,直到2008年中国科学院才成立了空间引力波探测工作组,并恢复了引力波研究。目前,中国主要有三个大型引力波探测项目:一是以本条目中的“太极一号”为代表的“太极计划”;二是“天琴计划”,它的观测点位于地球上空10万千米的轨道上;三是“阿里实验计划”,它的观测点位于西藏阿里地区。

最高精度的引力常数

中国科学家创造的世界纪录

在“2018年中国十大科学进展”的榜单中，出现了一项很特殊的成果。一方面，它的内容易懂，中国科学家测得了迄今最高精度的万有引力常数G；但另一方面，这项成果又出人意料，因为，学过中学物理的人都知道，300多年前的卡文迪许就测出了G值，可谁还会想到G的精度有问题呢？

原来，牛顿万有引力常数G是人类认识的第一个基本物理量，它在物理学乃至整个自然科学中都扮演着关键角色。按照万有引力定律，G应该是一个常数，更不会因测量地点和方法的不同而变化。但很诡异的是，真实的测量结果却并非如此。全球相关科学家前赴后继测量了几百年，至今的G值仍是物理学中所有常数的最不精确者。难怪，为了充分肯定中国学者的这项成果，《自然》杂志竟破例以“引力常数的创纪录精度测量”为题发表了特别评论，在承认它是迄今为止误差率最小的结果后，又高度评价它是精密测量领域卓越工艺的典范，且为揭示造成G值测量差异的原因提供了良机等。

至于万有引力常数的测量到底有多难，还是让我们用事实来说话吧。自从牛顿在1687年提出万有引力定律之后，引力常数G的概念就产生了。但非常奇怪的是，牛顿本人却从未想到要认真测量G值，毕竟猛然一看，G值的测量应该很容易。比如，既然G是一个常量，那就只需测量某两个物体的质量，再测量这两个物体之间的距离，最后再测量这两个物体之间的万有引力，于是，将相关量值代入万有引力定律，就可轻松算出G值。

但是，别高兴得太早！原来，若想利用万有引力定律来测量G值，那么，针对两个小质量的物体，它们之间的引力几乎可以忽略，根本就无法测量；针对两个超大物体，相应的准确测量就更难了。直到牛顿之后近百年，著名科学家卡文迪许才发明了一种如今称为“卡文迪许扭秤”的东西。借助该扭秤，人们总算测出了误差率大约为0.65253%的G值，不过，它当然不是最终的精确值。实际上，后来人们发现，G值与测量环境的关系太密切，以至于有人怀疑它到底是不是常数。总而言之，在2018年之前，全球有关G值的测量精度都不超过十万分之一，直到以罗俊院士为首的中国科学家团队经过30多年的不懈努力，才最终将该精度提高到十亿分之一的水平。

图17 引力实验室

原来，从1983年10月起，当时还只是研究生的罗俊等就在导师指导下，参与了引力实验室的筹建工作。由于引力常数测量需要极为严格的恒温、隔振、电磁屏蔽等条件，所以，该实验室最终被建在了一个大山洞里。从1986年开始，除了吃饭和睡觉，罗俊等人几乎都待在洞中，以致因为长期见不到太阳，再加上洞中阴暗潮湿，罗俊等人开始疯狂脱发，后来大家干脆都剃成了光头。甚至在1992年，年纪轻轻的罗俊左脸上竟出现

了白斑，直到1996年才痊愈。

1998年，罗俊等人终于将G的精度锁定在了105ppm（即百万分之一百〇五）的水平，它与国际水平还有相当的距离。到了2009年，他们又将精度提升到26ppm，已优于当时的国际精度50ppm。后来，他们又将精度提升到了11ppm。到了2018年，罗俊等人最终获得了比国际精度高出四个数量级的引力常数，提升了我国在基础物理学领域的话语权，对物理学的发展起到了推动作用。

当然，引力常数G的测量并不是一劳永逸的，它的精度还需要进一步提高，希望中国科学家能够继续保持领先地位。

引力诱导量子退相干模型

“墨子号”卫星立新功

2019年9月19日，《科学》杂志报道，中国科学家借用“墨子号”卫星对一类预言引力场将导致量子退相干的理论模型进行了实验检验，最终令人信服地否定了前人的预言，并对前人的理论模型进行了修正和完善。这也是国际上首次利用量子卫星在地球引力场中进行的同类实验，将极大推动相关物理学基础理论和实验研究。

众所周知，量子力学和广义相对论是现代物理学的两大支柱。然而，任何试图将这两大支柱融合起来的理论都遇到了极大困难。目前，在这类融合研究中出现了众多不同的模型，可惜都普遍缺乏实验检验，无法判断谁对谁错。比如，假设在地球表面制备了一对纠缠光子对，其中一个光子在光源附近的地表传播，而另一个光子穿过地球引力场传播到卫星，那么，依据现有的量子力学理论，所有纠缠光子对将保持纠缠特性。而若依据一种目前流行的

图18 “墨子号”

名叫“事件形式”的融合理论，纠缠光子对之间的关联性则会概率性地受到损失。但经我国量子卫星的实测，“事件形式”理论的预言其实无效。

中国科学家之所以能够取得本项成果，以中国古代哲学家、墨家学派创始人墨子的名字命名的“墨子号”卫星显然扮演了不可替代的关键角色。可能许多人还不知道，其实墨子还是一位影响人类文明进程的伟大的科学家。

比如，在逻辑学领域，墨子首次提出了推论、分类、根据和理由等逻辑学概念，还总结出了演绎、归纳、类比等多种推理方法。

在宇宙学领域，墨子建立了自己的时空理论，认为时空既是有限的，也是无限的：从整体来看，时空是无限的；从局部来看，时空则又是有限的。由于墨子很早就提出量子思想，因此他也被称为“东方的德谟克利特”。

在数学领域，墨子是第一个从理性高度研究数学问题的中国科学家，他给出了一系列抽象而严密的数学概念、命题和定义。

在力学领域，墨子不但澄清了若干基本概念，还取得不少重大发现，总结了许多重要的力学定理。比如，他给出了力的定义，指出物体受力后会产生反作用力。另外，早在阿基米德之前两百年，墨子就发现了杠杆原理。

在光学领域，墨子最早完成了光学实验，并对几何光学进行了系统研究。他奠定了中国几何光学，甚至可能是世界几何光学的基础。以至于李约瑟在《中国科学技术史》中也承认，墨子关于光学的研究“比我们所知的希腊为早”。墨子探讨了光与影的关系，发现了小孔倒影成像现象，明确指出了光线的直线传播特性，更对平面镜、凹面镜、凸面镜等进行了相当系统的研究。

在声学领域，墨子发现了井和缸都有放大声音的作用，并对此加以巧妙利用。他曾指出：守城时，为预防敌人挖地道，可每隔三十尺挖一井，然后置大缸于井中，缸口绷上薄牛皮，让耳聪者伏在缸上细听，以检测敌方是否在挖地道。

“墨子号”卫星是我国自主研制的全球首颗空间量子科学实验卫星，它于2016年8月16日1时40分，在酒泉卫星发射中心由长征二号丁运载火箭发射升空。“墨子号”旨在建立卫星与地面远距离量子科学实验平台，并在此平台上完成空间大尺度量子科学实验，以期取得量子力学基础研究的重大突破和一系列具有国际显示度的科学成果，并突破量子信息技术的距离限制，最终实现基于量子技术的广域通信。未来，“墨子号”还将为量子信息关键技术和器件提供一流的测试和应用平台。

“实践十号”

返回式微重力实验卫星

“实践十号”是目前我国科学卫星系列中唯一的返回式卫星,也是中国第一颗专用的微重力实验卫星,总质量约3.3吨。它于2016年4月6日1时38分发射升空,在12天后成功返回,返回舱载荷600千克,留轨舱继续在轨工作了3天。

“实践十号”是目前全球最理想的开展微重力研究的高效、短期、综合空间实验平台,其使命是要揭开被重力掩盖的若干科学秘密。实际上,地球上的物理自然现象都会受到地球重力的制约,所以科学家们一直在尝试各种方式,以营造微重力环境或“失重”环境,如抛物线飞行、探空火箭等。但它们能提供的微重力环境最多只有几分钟,而“实践十号”却可以提供十余天的微重力实验期,且其提供的微重力环境还要好于空间站,因为此时既没有残余重力,也不会受机械动力和人类活动的干扰。

图19 “实践十号”

“实践十号”的在轨实验内容丰富,至少包括微重力流体物理、微重力燃烧科学、空间材料科学、空间辐射生物效应、重力生物效应、空间生物技术等 6 大领域的 19 项科学实验。其中,8 项在留轨舱内进行,其余 11 项在回收舱中进行。比如,利用空间实验样品返回方式,研究微重力环境及复杂辐射环境中的物质运动与生命活动规律,以期在重大应用和基础研究方面取得突破性进展。

“实践十号”卫星的成功返回,带来了来自太空的生命繁衍迹象。比如,在“实践十号”回收舱中就有 6000 多枚小鼠胚胎,其中有几百枚胚胎是专门用于发育实验的。这些胚胎已在太空中完成了从二细胞到囊胚的发育,并已随回收舱降落在内蒙古四子王旗草原上,且进入了正常的生命过程。这意味着中国已在世界上首次实现了哺乳动物胚胎在太空中的发育,也预示着包括人类在内的哺乳动物的生命有望在太空中得以延续,从而改写了人类科学史。

什么是微重力?它又会对生命产生什么影响呢?微重力,又称零重力,此时物体的表观重量远小于实际重量。太空环境就是典型的微重力环境,它会对生活在其中的航天员产生全面影响,包括吃、穿、住、行等各个方面。因此,必须对微重力环境进行深入研究,以便尽量克服其对人体产生的不良影响。

比如,处于微重力环境中的航天员最先感觉到的就是身体的飘浮。接着,就是飞船舱内的东西都会飘起来,除非它们被固定在舱内。航天员若想行走,只能用双手推拉舱壁来帮助身体移动,而且还感觉不到是自己在做前后运动,反而会误以为是航天器在前后运动;若是在舱外,则需要用特制的装置来帮助航天员“走动”。

航天员在微重力环境下,体内所有与重力有关的器官都会发生变化:体液会向上半身和头部转移,出现颈部静脉鼓胀,脸变得虚胖,鼻腔和鼻窦充血,鼻子不通气,甚至会因血液浓缩而出现贫血。四肢感觉不到重量,身体也感觉不到头部的活动,从而会给航天员造成定向错觉,引起头晕、目眩、恶心、困倦等症状。若长期待在微重力环境中,人体的肌肉和骨骼等也会受到影响。

当然,除了上述负面影响外,微重力环境也有许多正面效应。比如,在太空材料加工方面,它就具有得天独厚的优势,不仅有助于晶体生长,有助于制造出若干特殊的金属与合金,还有助于生产许多复合材料,更能生产特制玻璃等。

“张衡一号”

中国首颗地震观测和预报卫星

2018 年 2 月 2 日，中国首颗地球物理场探测卫星，同时也是中国首颗地震观测和预报卫星“张衡一号”成功发射，这标志中国已经成为全球拥有同类先进卫星的第五个国家。

该卫星意在充分发挥空对地观测的大动态、宽视角和全天候优势，实时动态监测全球空间电磁场，从而以新手段来研究地震机理，跟踪地震前兆，特别是开展全球 7 级、中国 6 级以上地震电磁信息的探索和跟踪。原来，空间电磁扰动与地震具有明显的相关性，若能构建空间监测体系，就可及时发现电磁扰动，从而加深对地震孕育规律的认识，甚至探索地震预测的新方法。

图 20 “张衡一号”

此外，该卫星还可监测地球电离层的等离子体和高能粒子沉降，为空间物理和地球物理的研究提供重要数据支持，为国家安全、航空航天和导航等提供电磁监测服务。

该卫星在国内首次实现了低轨卫星的高精度电磁洁净控制，达到了国际先进水平，对后续空间探测具有重要意义。除此之外，它还在国内首次实现了在轨精确磁场探测，首次实现了高精度电离层电子和离子原位的探测等。

该卫星为什么要以张衡之名来命名呢？原来，中国处于两大地震带之间，自古以来人们就特别重视地震研究，其中最有名的成果当属东汉时期伟大的科学家张衡发明的候风地动仪。它是世界上第一架地动仪，奠定了中国地震科学的基础。以"张衡一号"命名电磁监测试验卫星，主要是纪念张衡在地震观测方面的杰出贡献，传承以张衡为代表的中国古代科学家崇尚科学、追求真理的精神。

其实，许多人过去对张衡的了解很不全面，事实上，除了地震研究外，张衡可以说是一位博学多才的人。

在辞赋方面，张衡与司马相如、杨雄、班固等被合称为"汉赋四大家"。

在绘画方面，张衡与赵岐、刘褒、蔡鱼、刘旦、杨鲁等并称为"东汉六大画家"。

在数学方面，他的《算罔论》一书影响了中国古代数学至少一百年。他是中国第一位求得 π 值近似值的学者，他研究过球的体积等。在他的一生中，数学成就占有相当重要的地位，以至他的墓志铭竟是"数术穷天地，制作侔造化"——前一句称赞其数学和天文学成果，后一句则称赞其制造水平。

在天文学方面，由于他的卓越表现，国际天文学联合会于 1970 年将月球背面的一个环形山命名为"张衡环形山"，又于 1977 年将小行星 1802 命名为"张衡星"。

在宇宙的起源方面，他的观点与大爆炸理论还真有不少相似之处。在宇宙的无限性方面，他早就像爱因斯坦那样，把时间和空间联系在一起了，认为“宇之表无极，宙之端无穷”，即宇宙在空间上没边界，在时间上没起点。

在解释月食机理方面，他认为月亮本身并不发光，而是太阳光照到月亮上后，才产生了光亮。月亮之所以会出现盈缺，是因为月亮的某些部分并未照到日光。

在计算日月的角直径方面，他的结果与近代天文测量所得的结果相比，误差仅有 2′左右。他还正确指出了流星和陨星的本质，即“星坠至地则石也”。

在日历的推演方面，他发现一周天为“三百六十五度又四分度之一”，该结论几乎等同于近代的测量值。他还解释了，为什么冬季的夜长，夏季的夜短；为什么春分和秋分时昼夜的时长相等等问题。

“高分七号”卫星

太空“阿凡达”级3D摄像

2019年11月3日，我国首颗亚米级高分辨率光学传输型立体测绘卫星“高分七号”成功发射,并于2020年8月20日正式投入使用!

“高分七号”是光学立体测绘卫星,将在高分辨率立体测绘图像数据获取、高分辨率立体测图、城乡建设高精度卫星遥感和遥感统计调查等方面发挥重要作用。它的分辨率不仅能达到亚米级,其定位精度更是目前国内最高的,能在太空轻松拍摄出可与电影《阿凡达》媲美的3D影像。该卫星投入使用后，将为我国乃至全球的地形地貌绘制出一幅误差在1米以内的立体地图。

“高分七号”的优势特别明显,比如,一般的光学遥感卫星只能拍摄平面图像,而“高分七号”则可以绘制立体图像,从此,世界上所有建筑物在

图21 “高分七号”卫星

地图上都将不再只是一个方格，而是三维立体的。该卫星不仅能为规划、环保、税务、国土、农业等部门提供宝贵信息，也是民用导航领域核心竞争力所在，将打破地理信息产业上游的高分辨率立体遥感影像市场大量依赖国外卫星的现状，开启我国自主大比例尺航天测绘的新时代。

“高分七号”也是我国遥感卫星领域的一个重要里程碑，充分展现了我国在遥感领域一步一个脚印的艰辛历程。其实，早在 2006 年 4 月 27 日 6 时 48 分，我国的第一颗遥感卫星就在太原卫星中心成功发射，并顺利进入预定轨道，开始执行包括科学试验、国土资源普查、农作物估产和防灾减灾等任务。当时，这第一颗遥感卫星质量约 2700 千克，可在轨道上运行数年，其轨道也可根据需要而具体确定，并能在规定的时间内覆盖指定的任何区域。当沿地球同步轨道运行时，它能连续对地球表面的指定地域进行遥感，并将遥感信息传回地面站，让地面用户掌握到诸如农业、林业、海洋、国土、环保、气象等方面的情况。

遥感卫星主要有陆地卫星、海洋卫星和气象卫星三种。其中，陆地卫星是绕地球南北极附近运行的太阳同步卫星，其轨道接近圆形，以搜集地球资源和环境信息为主。海洋卫星专门用于搜集海洋资源信息，主要用于分析海洋浮冰和陆地积雪、地质构造、洪水泛滥等情况。气象卫星以搜集气象数据为主要任务，为气象预报、冰雪覆盖监测，以及台风形成和运动过程监测等提供实时数据。而我国的气象卫星起步更早，在众多气象卫星中，又以我国首颗静止气象卫星“风云二号 A”最有历史价值。它于 1997 年 6 月 10 日成功发射，质量约 1.38 吨，卫星上装有扫描发射器、云图广播和数据转发器等，能覆盖以我国为中心的约 1 亿平方千米的地球表面，对准确进行中长期天气预报及灾害预报具有重要作用。

如今，“风云二号”已发展成一个系列，已成为我国自行研制的第一代地球同步轨道气象卫星。该系列共由 6 颗卫星组成，这既是高科技的产物，也是一个复杂的系统工程，涉及电子、光学、材料、关键元器件和多种应用技术，其背后体现的是国家综合实力的强大。

“风云二号”卫星的作用是获取白天可见光云图、昼夜红外云图和水

气分布图，并进行天气图像传真广播，供国内外气象站接收利用，收集气象、水文和海洋等数据收集平台的气象监测数据，监测太阳活动和卫星所处轨道的空间环境，为卫星工程和空间环境科学研究提供监测数据。比如，国内电视观众每天看到的气象云图就来自“风云二号”，这既是为社会服务，也是宣传和普及气象知识。

最高分辨率地表覆盖数据

中国向联合国提供“全球数据”

2014 年 9 月 22 日，我国政府向联合国捐赠了我国科研人员精心研制的“30 米分辨率全球地表覆盖遥感制图数据”(以下简称“全球数据”)，供联合国系统、各成员国和国际社会免费使用。国际顶级学术刊物《自然》杂志也对此作了专题报道，此事被评为了当年的“中国十大科技进展”。目前，已有来自全球 70 多个国家的上千名科研人员下载使用了该“全球数据”里的超过 3 万份数据。该成果正在多方面发挥着越来越重要的作用。

该“全球数据”是我国 400 多名科研人员多年辛勤劳动的结晶，它涵盖了全球陆地范围和两个基准年(2000 年和 2010 年)的几乎所有地表覆

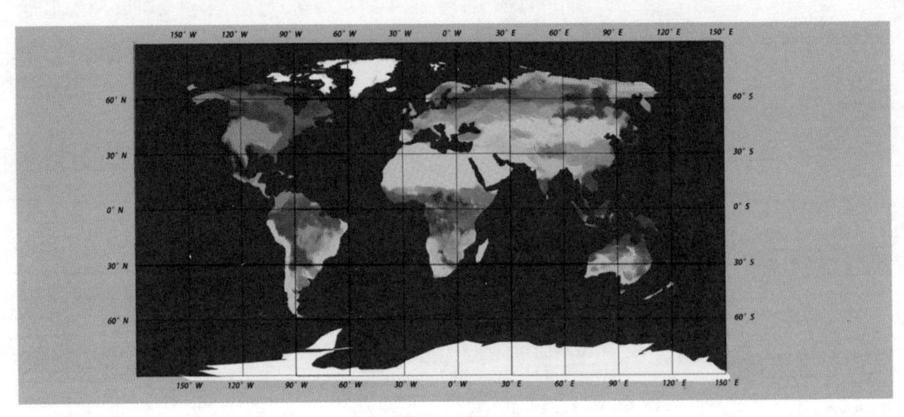

图 22 “全球数据”

盖数据，包括但不限于水体、耕地和林地等十大类信息，还提供了全球地表覆盖空间分布与变化的详尽信息，将同类全球数据产品的空间分辨率提高了10倍，准确地说，是将已有同类数据的分辨率从300米到1000米精细到了30米。该“全球数据”将成为全球环境变化研究和可持续发展规划等不可或缺的重要基础资料。

中国为什么能完成如此艰巨的地理测绘任务呢？主要原因可能有两个。

原因一，我国已有丰富的大型地形图数据库制作经验。比如，早在1998年，我国的测绘工作者经过十年的艰苦奋战，就已建成了当时全国规模最大、性能最先进、地理要素最全、信息量最丰富、比例尺最大、精度最高的地图数据库——1:25万全国地形图数据库。此项成就还被评为了当年的“中国十大科技进展”，它标志着我国的地图事业进入了全面数字化新阶段。

如今，该1:25万全国地形图数据库已成为国家基础地理信息的重要数据库之一，主要包含三部分：一是由国界、水系、交通、居民地、地貌等要素组成的地形数据库；二是由地形起伏高程信息和海底深度信息等组成的高程模型数据库；三是由各类地名信息组成的数据库。该地图覆盖整个国土范围，国外部分则沿国界外延25千米采集数据。

建成该1:25万全国地形图数据库到底有多难呢？这样说吧，它无疑是一项规模浩大的跨学科系统工程，比如，至少需要解决地图要素分类分级、图形拓扑结构化、空间信息组织和系统安全保密管理等一系列技术难题。甚至放眼全球，只有少数发达国家才能克服这些难题，从而制成如此大比例的全国性数字地形图。既然全国地形数据库的制作都如此艰难，那中国向联合国免费提供的“全球数据”就更难了！

原因二，经过若干年的积累，我国在遥感和遥测技术，特别是卫星遥感、多功能雷达和无人机遥感遥测等方面已经取得了突破性进展，在遥感遥测的理论研究方面更已达到世界先进水平，甚至出现了一批国际学科带头人。

比如，在遥感方面，我国已能利用各种特殊的传感器，清晰地接收到来自被探测对象的各种特征信号，既包括可见光在物体上的反射、散射、透射等自然信号，也包括显示物体温度的热辐射、物体导电性或绝缘性、顺磁性或抗磁性等物理信号，还包括引起地磁变化、重力场变化、空气流体力学变化等扰动信号，更包括通信或雷达信号、发动机声音和热量等人工信号。

在遥测方面，我国已能通过向被测物体主动发射声呐、电波、激光等探测信号，并使之发生反射，最后再通过比较探测信号和反射信号来获得被测物体的距离、方位、大小、移动速度和方向等信息。

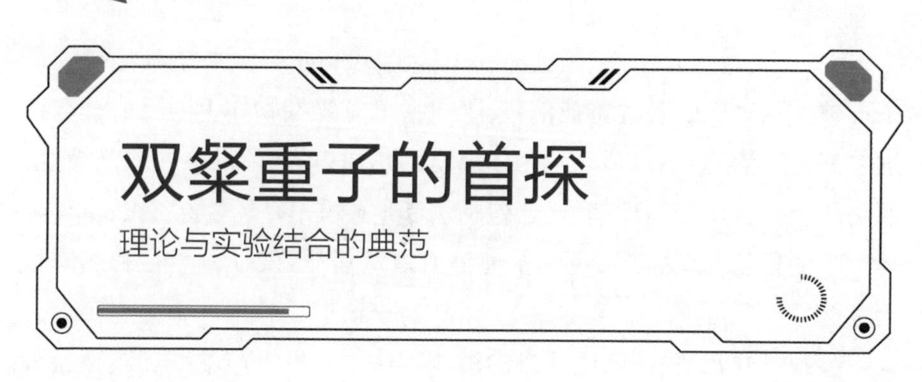

双粲重子的首探

理论与实验结合的典范

2016年7月,美国《物理》杂志报道,中外科学家团队首次探测到了双粲重子。该发现立即引起广泛关注,许多媒体都做了专题报道,认为它提供了检验量子色动力学的独特体系,是理论与实验相结合的典范,将有助于人类深入理解物质的构成和强相互作用的本质。

该成果到底发现了什么呢?原来,科学家发现了一种名叫"双粲重子"的新粒子。它带有两个单位电荷,质量约3621兆电子伏特,几乎是质子质量的4倍。与质子和中子类似,新发现的粒子由三个夸克组成,但其夸克组分却不同,比如,质子由两个上夸克和一个下夸克组成,中子由两个下夸克和一个上夸克组成,而这种新粒子则由两个较重的粲夸克和一个上夸克组成。

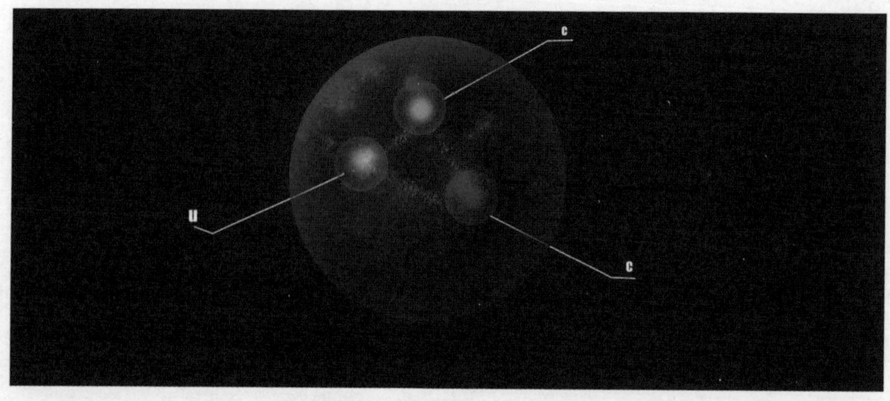

图23　双粲重子想象图

双粲重子背后的故事还真不少。比如,1974年,丁肇中等人就因发现粲夸克而获诺贝尔奖,此后,人们就推断了双粲重子的存在性,并开始了漫长而艰辛的探寻之旅。而中国也从2010年起就成立了专题组,现在终于大海捞针似的发现了它的踪迹。

说起丁肇中,你应该不陌生,甚至可能还知道他发现了反氘原子核,发现了粲夸克,确认了量子电动力学的正确性,为夸克模型提供了重要证据,证实了光子与矢量介子间的相似性,发现了胶子喷流,精确测量了缈子电荷不对称,目前正利用国际空间站寻找宇宙暗物质和反物质,还获得了1976年诺贝尔物理学奖等。但是,许多人可能并不知道,丁肇中的祖先们更不得了。

从明朝初年至今的近700年间,无论怎么改朝换代,无论遭遇何种天灾人祸,无论在官场或学界,无论经商或务农,甚至无论是在国内还是国外,丁肇中的祖先中总是精英辈出。

据不完全统计,在明清两朝,丁肇中的祖先中至少涌现了举人49名、进士15名、翰林2名;此外,政治家、科学家、教育家等各界风云人物更是不计其数。比如,他的家族在明末清初曾出现过“一门六进士”,在清朝中期也出现过“一门三进士”的奇观,多次引起全国轰动。

丁肇中的一位晚清祖先丁守存更是“百名中国古代杰出科学家”之一。他是当时的一位著名武器专家,更准确地说,是中国近代火器奠基人、最早的火箭专家、最早合成新式火药“雷酸银”的人和首个自爆雷管研制者。他还研制了自动射击步枪、自爆地雷、手捧雷、石雷、石炮、跳雷,更与他人合作铸造了多种远程火炮、火箭、火筒、抬枪、鸟枪等先进武器,并且还撰写了《西洋自来火铳制法》和《详覆地雷法》等多部兵学著作。

出人意料的是,丁肇中的祖先们刚开始其实是从社会的底层打拼上来的。实际上,在元末大乱中,丁家先祖从武昌投奔朱元璋,因其面黑如张飞而被称为“黑丁”,并因军功卓著而被封为淮阴百户,子孙世袭定居于此。明初,倭寇犯边,丁家第十六世始祖为避乱而迁往山东日照,后因其勇猛而被选为值守沿海的壮士,并以军籍分得一份田产。可见,在“以武论英雄”的年代，丁家不乏精英。战乱平息后，由于明初无科举，丁家便转入“以农论英雄”的第二阶段，子孙四代事农，累积了丰富的田产，可见，丁家此时也不乏精英。直至嘉靖年间，因徭役引发人祸，丁家几乎破产，从此家族猛醒，开始培养子孙读书当官，从而转入“以科举论英雄”的第三阶段，很快便家声渐振，门户始昌。

三重简并费米子

既浅显又高深

2017 年 6 月,《自然》杂志报道,中国科学家在国际上首次通过实验发现了三重简并费米子,从而打破了常规的费米子分类模型,将为固体材料中电子拓扑态的研究开辟新方向,促进人类发现更多的新奇物理现象,加深人类对基本粒子特性的理解。

原来,现有理论认为宇宙中可能存在三种类型的费米子,即狄拉克费米子、外尔费米子和马约拉纳费米子。比如,众所周知的电子、质子、中子等,就都属于狄拉克费米子。外尔费米子则是没有质量的费米子,也可能是电子等亚原子粒子的基本组成部分,其具有很高的流动性。迄今已在粒子加速器内发现了前两种费米子存在的证据,但始终没发现第三种费米子——马约拉纳费米子。更出乎意料的是,中国科学家在本项成果中所发现的新粒子,既不是过去熟知的狄拉克费米子,也不是在加速器中造出的外尔费米子,更不是至今还没找到的马约拉纳费米子,而是一种完全不属于任何已知类型的新粒子。

由于该新粒子在同一能级态上存在三种半奇数自旋数,属于三重简并性的费米子,故被称为"三重简并费米子"。

难能可贵的是,中国科学家的该项成果从理论预言、样品制备到实验观测的全过程,都是由中国科学院物理所的一批年轻科学家同心协力完成的。他们的专业各不相同,优势互补,有的擅长理论物理,有的精通量子材料;有的善动脑,有的善动手;他们的性格更是千差万别,有的静若处子,有的动若脱兔;他们的科研风格更是“八仙过海”,有的敢于大胆猜测,有的勤于小心求证。实际上,本项成果的最早研究动机就来自于团队中“八卦”高手的奇思妙想,那时他们几乎毫无根据地预言:在某类具有碳化钨晶体结构的材料中,可能存在三重简并的电子态。

图 24 中国科学院物理所

光有“预言家”当然不够,还必须通过实验证实才能被同行认可,而此前又得完成样品制备。反正,像本项成果这样的科研难题,根本不可能依靠单打独斗完成,必须由若干个小组无缝对接,环环相扣,建立完整的链条,才能最终成功。

首先,接力“预言家”的是一位体力劳动者。他是一位典型的乐天派,主要负责各种样品的制备和提取。这是一个不能间断的重复性过程,更是一门手艺活,需要在长期劳作中积累和摸索,因为对样品质量和尺寸的要求都很高,因此他经常熬夜加班干通宵,戴着好几层手套,经常热得汗如雨下,湿透衣衫。“幸好,我平时就爱锻炼,否则这十几年的体力活还真扛不住呢!”乐天派笑着说。

接力棒接下来又传给了一位“娃娃脸”。他经过数月的反复实验测量,成功解析出了磷化钼的电子结构,观测到了其中的三重简并点,而该结果与随后的理论计算高度吻合,从而证实了突破传统分类的三重简并费米子的存在性。猛然一看,这位“娃娃脸”好像很羞涩,但他自己却拍胸脯说自己特别能“侃大山”。“以前觉得拼命看文献、做实验就能解决问题,后来发现与人的沟通交流更重要,因为能从别人那里获得新思路、新方法。”为了证实自己的“铁嘴神功”,“娃娃脸”侃侃而谈道。

接力赛的最后一棒传给了物理所的一位年轻研究员。他一会儿像是入定老僧,冥思苦想着理论计算;一会儿又像是咖啡厅堂官,热情邀请大家前来聚会,海阔天空地瞎聊。

哈哈,结果他们还真的碰出了火花,笑到了最后。

外尔费米子的发现

百年猜测被证实

2015 年 7 月 20 日，我国科学家正式对外宣布：他们首次在实验中发现了一种基本粒子——外尔费米子。这将有望解决当前电子器件小型化和多功能化所面临的能耗问题，从而将对拓扑电子学和量子计算机等颠覆性技术产生重大推动作用。

什么是基本粒子？什么是费米子？什么又是外尔费米子呢？原来，基本粒子是指当前人们认知的构成物质的最基本单位，它们是组成各种物质的基础。也可以说，基本粒子是在不改变物质属性的前提下，体积最小的物质。基本粒子的种类很多，而费米子只是其中一类，它是遵从“费米-狄拉克统计”规律的一类基本粒子。费米子的种类也很多，其中之一便是外尔费米子，它是德国科学家外尔在 1929 年预言的一种费米子。外尔预言：存在某种无质量的电子，称为外尔费米子，它们可以分为左旋和右旋

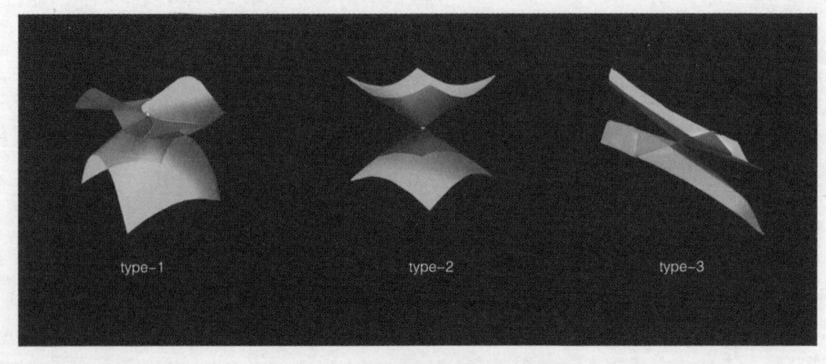

图 25　外尔费米子示意图

两种不同的属性。

可经过近百年的寻找，全球科学家始终未能发现外尔费米子的任何踪迹。如今,本成果终于证实了外尔的预言。非常值得高兴的是,本项成果的主力人员几乎就是两年后发现三重简并费米子的中国科学院物理所的年轻科学家团队。

若仅从"外尔费米子"的名称上看,它显然涉及两位著名科学家,一位是大名鼎鼎的费米,另一位是比较低调却被称为"20世纪最后的通才"和"最早的量子大牌"的德国学者赫尔曼·外尔。所以,下面就来简单地说说这位外尔，并希望读者能借此更深刻地体会到各门学科之间的相通性，这也是本书的目的之一。外尔被称为"20世纪最后的通才","通"不仅体现在广度上,更体现在深度上。

首先,他拿着数学家的工资,吃着数学家的饭,所以是一位名副其实的数学家。他被称为20世纪上半叶全球最伟大的数学家之一,还被称为从经典数学到现代数学的关键人物。他的数学思想已成为20世纪许多重要数学成就的发源地,至今仍是指路明灯。但是,他又是让所有数学家都头疼的一位数学家,因为,即使在今天,任何数学家都无法读懂他的全部数学著作,难怪他也被称为最后的一位全能数学家,因为他的成就几乎遍及数学各主要分支。在他眼里,数学已不再只是数学了,而是培养下一代知识和能力的关键;他认为数学和音乐、语言等一样,都是人类心灵创造力的最主要表现;他还认为数学是一种普遍工具,人们通过数学理论来认识世界。

其次,他干的是物理活,故可算作物理学家。甚至连爱因斯坦在盛赞他时都说:"外尔是出类拔萃的人物,而且在为人方面也很讨人喜欢。只要有机会,我都乐意与他见面。"实际上,他不但将先进的数学工具引入了相对论及量子力学,还给现代物理注入了若干新观念。他是统一场论的最早倡导者,是规范场论的先驱。他的规范场论,后来启发杨振宁提出了非交换规范场理论,再后来更帮助杨振宁获得了诺贝尔奖。外尔在揭示物理与数学的关系方面也很有见解,他说:"物理学的发展就像滚滚入海的洪流，而数学则是入海口的三角洲，它将洪流分散到所有方向，广泛滋润着物理的各分支。”

再次，外尔还是一位著名的哲学家，甚至还是一个哲学派别的代表人物，他自称是“走在哲学大道上的数学家和物理学家”。此外，他还对文学、历史和艺术等都有很高的造诣，他的思维、写作和言谈等方式，都无处不蕴含着其独特的艺术品质。

第二章

国之利器岂示人

本章主要介绍最近十年内我国科学家在大国重器方面的前沿战略性成果，其中既有国防撒手锏，也有民用基础设施。有的可上九天揽月，有的可下五洋捉鳖；有的可让分子跳舞，有的可为地球服务；有的模仿太阳核聚变，有的模仿大脑巧计算。

本章的目的当然不是想给谁“亮肌肉”，毕竟我们深知“国之利器不可示人”的道理。但在纷繁复杂的国际形势下，我们确实不能过于迷信《道德经》中所谓的“柔弱胜刚强”，毕竟我们在许多方面真的还比较弱，真的还需要树立足够的自信。待到某天中国的复兴梦终成现实后，再来实践老子的“将欲弱之，必固强之；将欲废之，必固兴之；将欲夺之，必固与之”的终极策略吧。

“辽宁号”

我国第一艘服役航母

“辽宁号”是中国第一艘服役的航空母舰，可以搭载固定翼飞机。

该舰的前身是苏联海军的“瓦良格号”航母。20 世纪 80 年代中后期，该舰在乌克兰建造时，恰逢苏联解体，建造工程中断，完成度仅为 68%。其外观设计指标主要有：舰长约 300 米，舰宽约 70 米，吃水深度约 9 米，排水量 4.6 万~6 万吨，最高航速约 30 节，续航时间 45 天，动力约 20 万轴马，舰员编制约 2000 人等。

1999 年，中国购买了该舰，并于 2002 年运抵大连港，2005 年开始由中国海军对其继续建造和改进，以便用于航母的科研、实验及训练等。2012 年 9 月 25 日，该舰更名为“辽宁号”，并正式入列中国海军。2013 年

图 26 “辽宁号”

11月,“辽宁号”从青岛赴南海展开了为期47天的海上综合演练,在此期间,中国海军以“辽宁号”为主,由近20艘各类舰艇组建了大型远洋航母战斗群。2018年4月12日,辽宁舰编队亮相南海大阅兵。2019年4月23日,“辽宁号”在中国海军70周年阅兵式中亮相。

该航母为什么叫“辽宁号”呢?原来,根据中国海军1978年颁布的《海军舰艇命名条例》,除非有特殊情况,我国的巡洋舰以上的大舰基本上都以省份或词组来命名。比如,我国以人名命名的舰船只有两艘训练舰,以词组命名的有北海舰队的“东北号”“西北号”“华北号”,东海舰队则主要以华东和新疆地区的大中城市命名。而我国的第一艘航母之所以用省份名来命名,是因为它的建造地点是辽宁省的大连港,再加上辽宁是中国海岸线的北部起点，所以用它来命名中国的第一艘航母就更加合情合理了。

“辽宁号”上搭载的是什么飞机呢？它搭载的是第四代战斗机改进型的“歼-15”,是参考从乌克兰获得的“苏-33”战斗机原型机,以国产“歼-11”为基础而改进的单座舰载机。从外形上看,“歼-15”很像俄制“苏-33”,但它实际上融合了“歼-11B”的技术,新增了鸭翼,配装了两台大推力发动机,实现了机翼折叠,重新设计了增升、起落和拦阻钩等系统,使其在保持优良作战性能的基础上，满足舰载要求。2019年国庆阅兵时,“歼-15”舰载机光荣地飞过阅兵场。

“辽宁号”对我国海军有哪些重要作用呢?

第一,“辽宁号”主要用于科研、实验及训练,特别是为我国培养航母方面的各类人才,为随后的国产航母生产和服役提供宝贵经验。实际上,自从“辽宁号”服役以来,我国已经积累了海量的使用数据,包括航母的维护保养、舰载机的使用、航母编队的体系作战经验等。

第二,“辽宁号”终于使我国具有了远洋纵深打击能力,提高了保家卫国、维护海权的能力。实际上,我国已基于“辽宁号”组建了自己的航母编队,多次进行了远洋训练,弥补了我国远洋作战的短板。特别是拥有了舰载飞机后，辽宁舰航母编队的打击范围可以大范围延伸至以航母为中心的数十万平方千米海域，这就相当于拥有了一座防守严密的活动机场。

第三，“辽宁号”开启了我国海军新模式。过去，我国海军的舰艇力求成为多面手，很难发挥单舰的突出优势；现在，我们的所有大型舰艇几乎都以构建完整的航母战斗群为中心，充分发挥各自优势，从而形成更加强大的战队。

“山东号”
我国第一艘自产航母

2019年11月17日，我国首艘国产航母“山东号”顺利通过台湾海峡，赴南海相关海域开展科研试验和例行训练。两天后，该航母驶入三亚军港，宣告其首次远航顺利完成。这一天将成为中国海军发展史上被载入史册的日子，因为首艘国产航母正式交付使用，标志着中国海军正式迎来国产航母新时代。

图27 “山东号”

与我军首艘航母“辽宁号”相比，“山东号”的最大改进就是舰载机规模更大，增加了机库容积，至少可以搭载36架“歼-15”舰载机，相比“辽宁号”，数量提升了50%，从而使得其战斗力进一步增强。

“山东号”的吨位和舰载机规模，相当于英国新造的“伊丽莎白女王”

级航母。不过,中英两舰各有特色,比如,“山东号”意欲争夺海战制空权和制海权,而英国的航母则是强化对陆攻击能力,所以它的舰载飞机是垂直起降战斗机。若与法国“戴高乐号”航母相比,“山东号”也有一定优势,这主要是因为法国航母的吨位较小,核动力装置也存在设计缺陷。

总之,“山东号”是目前全球先进的航母之一,这主要得益于其建造时间晚。

可能许多人还不清楚，其实，我国的航母梦开始时间并不晚。早在1928年底,当时的国民党海军署长就首次提出要建造航母,这只比全球第一艘全通式飞行甲板的“竞技神号”航母晚10年。1929年8月14日,国民党二届五中全会通过的《整理军事案》中就明确提出要“发展海军”。2天后,江南造船厂自制的“咸宁号”炮舰就正式服役,蒋介石还亲自在“咸宁号”上发表演讲,声称要在15年内成为世界一等海军国家。

1930年,中华民国中央海军部提出了一份包含航空母舰、装甲巡洋舰、潜水艇等在内的庞大的“六年造舰计划”。可惜,由于内战不断和财政困难,不但这份造舰计划泡汤了,而且整个中华民国中央海军都混乱不堪,直到1932年1月,中华民国中央海军才开始进入短暂的稳定期。

后来,国民党又提出了建造20艘航母的计划,可惜,抗日战争又爆发了,中华民国中央海军只好匆忙部署既有舰艇的抗战事宜,在长江中下游阻击日本海军。1937年8月上旬,为防止日舰沿江西上,国民政府被迫用沉船在江阴建造了一道封锁线,以致日军出动了“加贺号”等四艘航母,击沉了当时国民党海军的几乎所有主力战舰。日军还动用了航母飞机,对江阴要塞实施了长达108天的大规模狂轰滥炸。从此以后,日本航母便肆无忌惮地出没于中国沿海,配合陆军疯狂地侵略中国。

江阴海战是抗日战争中罕见的陆海空三栖立体作战战役，也是抗战期间唯一的海军战役,这场战争给中国海军造成了中日甲午战争以来的最大损失。在江阴战役中,日军在空中的肆虐让有志之士看清了航空母舰的巨大作用。于是,在1943年11月,中华民国政府再次提出了海军建设规划,不但试图拥有多艘航母,还想建造多个航母战斗群。这时候,仍然只是心有余而力不足，最终中国的航母计划没能实施。抗战胜利后，国民党又雄心勃勃地制定了“30 年内建造 12 艘航母”的计划，这时候，全面内战又爆发了。

中华人民共和国成立后，环顾联合国五大常任理事国，唯独新中国没有航母，甚至若干中小国家也都纷纷购买或自建了航母，特别是中国周边的印度、日本和韩国都拥有了自己的航母。终于，经过 70 年的不懈努力，新中国的航母梦，特别是国产航母梦总算成为现实！

“福建号”

中国第一艘弹射型航母

2022 年 6 月 17 日，经中央军委批准，中国第三艘航空母舰被命名为“福建号”。它是我国完全自主设计与建造的第一艘弹射型航空母舰，采用了平直通长飞行甲板，配置了电磁弹射和阻拦装置，满载排水量 8 万余吨。

图 28 “福建号”

“福建号”的最大亮点是它配备的电磁弹射器。什么是电磁弹射器？它到底又有什么优势呢？

原来，航母的战斗力主要取决于舰载机，而舰载机的战斗力又主要取决于起降方式。目前，舰载机的主要起降方式有两种，一种是滑跃式，另一种是弹射式。

滑跃式可简化航母结构,降低航母维护费用,但同时也限制了舰载机的起飞重量,影响了战斗机的武器携带量,减小了作战半径并减少了作战时间。更糟糕的是,包括预警机在内的许多特种飞机都无法通过滑跃式起飞,这就使得滑跃式航母失去了远程预警能力,增加了被动挨打的可能性。此外,滑跃式甲板会占据大量空间,严重影响舰载机的调度和停放。

弹射式比滑跃式具有明显优势。首先,舰载机的起飞重量被大幅度提高,这就相当于直接提升了战斗力;其次,弹射式还可搭载固定翼的预警机,从而大幅提升空情保障与指挥调度能力。当然,弹射起飞的研制难度很大,目前全球主要有蒸汽弹射和更先进的电磁弹射。我国的"福建号"采用的是更先进的电磁弹射,它不但具有重量轻、体积小、便于维护等优点,还能进行灵活的数字化管理,可轻松增减弹射力,让运输机、预警机和无人机等不同质量的飞机顺利升空。

"福建号"在我国历史上至少创造了七个之最。

第一,它是中国历史上的最大战舰。"福建号"满载排水量8万多吨,几乎是国内其他新型战舰(比如,054护卫舰和052D神盾舰等)排水量的2倍,也超过"辽宁号"和"山东号"的6万吨排水量。

第二,它是由中国完全自主设计与制造的第一艘真正航母。具体说来,"辽宁号"的前身是苏联遗留下来的"瓦良格号"。由于美国对苏联长期打压,再加上苏联本身综合实力不足,始终未能攻克蒸汽弹射技术,以致航母上不得不采用相对落后的滑跃式。此外,航母上还携带着12枚花岗岩大型反舰导弹,这就使得6万多吨的大型航母仅能搭载20多架舰载机。难怪,我国主要将"辽宁号"用于航母训练舰。"山东号"作为"辽宁号"的优化升级版,舰载机数量虽然增加到36架,但其滑跃甲板仍有先天缺陷。

第三,它是积极防御的第一载体。在航母出现前,各种战舰的防御手段主要是其厚重的装甲和大口径火炮。有了航母后,就可以组成攻守兼备的航母战舰群,进而形成机动灵活的作战单元。

第四,它是亚洲历史上最大的舰艇。在亚洲其他国家的历史上,日本曾在“二战”期间建造过排水量超过 6 万吨的“大和号”超级战列舰。

第五,它是全球最大的常规动力航母。在“福建号”之前,全球最大常规动力航母是十年前就已退役的美国小鹰级常规动力航母。自此以后,美国就开始全力发展核动力航母,并建成了十余艘全核航母舰队。

第六,它拥有最先进的电磁弹射技术。准确地说,“福建号”的直流电磁弹射技术比当前其他国家的交流电磁弹射技术更稳定更先进。

第七,它是最让中国海军扬眉吐气的航母。“福建号”入列后,中国航母的实力就一举超过了英国和法国,进入了全球第二梯队。

南昌舰

中国驱逐舰之领舰

2020 年 1 月 12 日,中国最大、世界第二大的“南昌号”驱逐舰(简称“南昌舰”)正式入列服役啦！它的满载排水量超过 1.2 万吨,达到了传统巡洋舰的体量，甚至大于美国提康德罗加级巡洋舰和俄罗斯 1164 型巡洋舰,仅次于满载排水量 1.5 万吨的美国朱姆沃尔特级驱逐舰。2021 年 4 月,中国海军组织辽宁舰航母编队在台湾省周边海域进行训练,南昌舰首次现身航母编队。

图 29　南昌舰

南昌舰的舷号“101”具有非常特殊的历史意义。原来,在中国舰艇序列中,舷号“101”曾是中国海军驱逐舰的首舰兼旗舰“鞍山号”驱逐舰的舷号。如今,跨越半个多世纪后,舷号“101”又被重新启用,并用革命圣地南昌之名来命名，足以表明该舰是中国海军所有驱逐舰中的领舰。

南昌舰的研制工程可谓是一波三折。早在20世纪60代末，当时中国的驱逐舰要么空防能力弱、协同能力差，要么排水量小、续航力低、航速小、耐波性差。所以，从那时起，我国就计划以“055”为代号，研制大型火炮导弹舰。但由于各种原因，055工程始终进展缓慢，甚至在20世纪80年代几乎中止，直到2014年4月才再次启用055工程编号，2018年8月24日，055型1号舰，即南昌舰，才终于入列中国海军。

南昌舰的舰体采用了隐身设计，整体雷达反射截面积小，红外辐射低，电磁辐射量小，噪声水平低。南昌舰装备了多达百余种的垂直发射装置，可发射反舰导弹、防空导弹、反潜导弹，还能发射对陆攻击的远程巡航导弹等，可打击远至2公里外的目标，甚至今后还可能安装激光武器。该舰应用了现代化的信息网络无线电技术，装备了先进的对空和对海雷达，可在更远距离搜索和探测海空来袭目标，并迅速发现、跟踪、引导防空导弹打击多个目标。

南昌舰拥有相当的反弹道导弹能力，对中程和近程目标的探测能力也很强；它还拥有很强的信息捕捉能力和整体信息处理能力，能将太空、空中、水面和水下的各层级信息高度融合。南昌舰是中国海军实现近海防御、远海护卫战略转型发展的标志性战舰，既具备强大的单舰作战能力，又可协同中国航母战斗群和水面舰艇战斗群在远海大洋执行任务。

南昌舰的一个亮点就是它的隐身能力。其实，我国在这方面的技术储备早就比较丰富了。比如，2009年1月15日的《科学》和2010年6月的《自然》杂志报道，中国科学家基于超材料，实现了微波段三维隐身衣和电磁黑洞两项奇迹。此消息一出，立即引来全球众多科技媒体的广泛关注，纷纷抢先从多方面报道了该成果。

这里的隐身当然不是指肉眼看不见，而是指雷达看不见。隐身衣其实就是这样一种新材料，即使将它做成一个大飞机或大舰艇，即使是使用最先进的微波雷达，也无法探测到飞机或舰艇的存在。另外，若将普通金属罩在这种隐身衣中，这些金属也会瞬间从雷达上“消失”。中国是最早研制出三维隐身衣的国家之一，且中国的隐身衣具有损耗低、效果好和隐身波段宽等优点。它适用于不同极化、任意方向入射的电磁波，可对地面目标在微波段进行全方向、宽频带的隐身。

这里的电磁黑洞是另一种新材料，它能全方位吸收电磁波，且几乎没有任何反射。准确地说，它在微波频段的吸收率可高达99%，就像一个能吸收所有电磁波的“黑洞”，因此它既可以作为热辐射源，又能用于电磁波捕获。

“玲龙一号”

小型核反应堆

2021 年 10 月 24 日，全球首个陆上商用模块化小型核反应堆“玲龙一号”的钢制安全壳正式封顶，并在海南昌江提前吊装完成。这意味着我国核电事业已经逐步实现了从“跟跑”到“并跑”，再最终到“领跑”的历史性跨越。

从商业角度看，“玲龙一号”小型核反应堆将带动我国核能相关产业群的高水平快速发展，形成又一个重要的核反应堆型品牌，对我国开拓国际小型核反应堆市场，实现“走出去”的战略目标具有重大意义。从国防角度看，核反应堆的小型化对诸如航母和潜艇等的能源供应显然具有非凡意义，而我国航母事业需要克服的下一个重要难题刚好就是核动力问题。

图 30 “玲龙一号”

作为小型的一体化多用途核反应堆，“玲龙一号”拥有高效的直流蒸汽发生器，使得发电效率大幅提高。其采用了固有安全加非能动安全的设计理念，从而在技术上可实现无须场外应急干预，使灵活性和安全性得到充分保障。核能发电机的主泵被完全屏蔽,从而有效避免了核泄漏等事故。另外,它还巧妙运用了成熟的模块化技术,这既方便维护和建造,又方便扩容和调整。总之,它的优点颇多。其实,除了“玲龙一号”外,我国在各种核反应堆的研制和运行方面都已掌握了许多技术,并积累了许多经验。

比如,早在2004年5月10日,我国的首座国产化商用核电站——秦山核电二期工程2号机组,就已经正式投入商业运行了。这也是我国自主设计、自主建造、自主管理和自主运营的第一座大型商用核电站,标志着我国实现了从自主建设小型原型堆核电站跨越到了自主建设大型商用核电站的重大进步。该核电站既是我国核电建设的一座里程碑,也是中国军转民及和平利用核能的典范,更使中国成为继美国、英国、法国、苏联、加拿大、瑞典之后世界上第七个能自行设计与建造核电站的国家。

自主发展核电是一个国家综合实力的体现。秦山核电站采用世界上技术成熟的压水反应堆,核岛内采用燃料包壳、压力壳和安全壳三道屏障,能承受极限事故引起的内压、高温和各种自然灾害。具体说来,它主要设置了三道安全屏障:第一道是用锆合金管把燃料芯块密封组成燃料元件棒;第二道是由高强度压力容器和封闭的回路系统组成的压力壳;第三道是密封的安全壳,防止放射性物质外泄。此外,当反应堆发生事故时,核电系统还能自动停闭和自动冷却堆芯。

早在2010年7月21日,中国科学家就成功地自主研发出了首座快中子反应堆,简称“中国快堆”。这标志着我国已突破了快堆物理、热工、力学等方面的关键技术,已掌握总体、结构、回路、仪器控制和电气设计等快堆工程能力,已在第四代先进核能系统方面实现了重大突破。这无疑是我国核电领域的重大自主创新成果,从此以后,我国就成为继美国、英国、法国等国家之后,世界上第八个拥有快堆技术的国家。

快堆是全球第四代先进核能系统的首选堆型,代表着核能发展的新方向。其核燃料形成闭合式循环,可使铀资源利用率提高至60%以上,也可使核废料的产生得到极大降低,实现放射性废物的最小化。总之,发展和推广快堆技术,可从根本上解决能源的可持续发展和绿色发展问题。

中国快堆的国产化率高达70%，从设计到施工都主要由我国科研人员自主完成。它采用了在美国、法国、俄罗斯、日本等国家已有多年运行经验的钠冷快堆技术,其热功率为65兆瓦,电功率为20兆瓦。

“东风-41”弹道导弹

我国核战略的中流砥柱

2019年10月1日上午，在中华人民共和国成立70周年的国庆大阅兵中，“东风-41”核导弹方队在32个装备方队中压轴出场。这是该型核导弹首次公开亮相，电视直播的解说词为：“战略制衡、战略摄控、战略决胜，‘东风-41’洲际战略核导弹，是我国战略核力量的中流砥柱！”该型导弹与发达国家的第六代导弹（如美国的“民兵3”洲际导弹和俄罗斯的“白杨-M”洲际弹道导弹）的技术水平基本相当，部分技术水平甚至更高。

图31 “东风-41”弹道导弹

该导弹的技术特点主要有：作战准备时间短，反应时间比以往战略导弹大幅缩短；突破了携带多个战斗部的难题，可根据需要携带不同数量的弹头；命中精度进一步提升，达到了百米以内；机动性能好，可在崎岖的陡坡上行驶;对地理和气候条件的适应性更好,在恶劣天气也能正常发射,是全天候的战略武器。

"东风-41"弹道导弹是中国研发的第四代,也是最新的一代战略导弹。它的可靠性更高,机动性更好,反应更快,射程更远,精度更准,威力更大,破坏力达到数百平方千米。

中国是一个爱好和平的国家,但也不允许他国任意践踏我们的主权。为此,中国制定了新的核武器使用三原则:第一,中国本土(城镇、村庄以及民众)受到他国常规武器或非常规武器袭击的情况下,不管对方是否为拥核国家,有权使用核武器还击;第二,中国所有军事设施(机场、导弹航母基地、核潜艇等)受到他国常规武器或非常规武器袭击的情况下,不管对方是否为拥核国家,有权使用核武器还击;第三,中国所有重要的大型设施建筑(如三峡、港口、海岛建筑等)受到他国常规武器或非常规武器袭击的情况下,不管对方是否为拥核国家,有权使用核武器还击。

什么是弹道导弹呢?原来,导弹通常由战斗部、弹体结构、动力装置和制导系统四个部分组成。

其中,战斗部是毁伤目标的专用装置,通常配置在导弹的头部,所以又叫弹头,它主要由壳体、弹药、引爆装置和保险装置等组成。战略导弹的弹头大多采用核弹药,"东风-41"便是其例。导弹可以是单弹头,也可以是多弹头。多弹头分为集束式、分导式和机动式三种。战术导弹的弹头多为高能炸药、化学毒剂、生物战剂等非核弹药,当然有的战术导弹也采用了核弹药。

弹体结构是把导弹各部分连接起来的支承结构,比如,巡航导弹的弹体结构在外形上就很像飞机,"东风-41"等弹道导弹的弹体结构就很像火箭。弹体结构必须重量轻、外形流畅且有良好的空气动力学性能。

动力装置是导弹飞行的动力源,包括固体或液体火箭、涡轮风扇或涡轮喷气发动机、混合推进剂火箭、冲压喷气发动机等。巡航导弹常用固体火箭助推,并用涡轮风扇或涡轮喷气发动机巡航。"东风-41"等弹道导弹常用固体或液体火箭。

制导系统是导弹的关键,负责控制导弹的飞行方向、姿态、高度和速度等,并最终引导导弹击中目标。制导方式有许多种,有的导弹只采用其中一种,有的则采用多种方式复合制导。比如,早期的导弹采用无线电指令制导,后来采用惯性制导或星光和惯性复合制导;巡航导弹多采用惯性加地形匹配复合制导;地空或舰空导弹多采用遥控制导、寻靶制导或复合制导;反坦克导弹常采用有线制导。

简单来说,弹道导弹是指在火箭的推动下,按预定程序飞行,关机后按自由抛物体轨迹飞行的导弹。弹道导弹的种类很多,若考虑威慑力,可分为战术弹道导弹和战略弹道导弹(比如"东风-41");若考虑发射点与目标的位置,可分为地对地弹道导弹和潜地弹道导弹;若考虑射程,可分为洲际、远程、中程和近程弹道导弹;若考虑推进剂,可分为液体推进剂和固体推进剂弹道导弹;若考虑弹体结构,可分为单级和多级弹道导弹等。

“歼-20”战斗机

中国空军之王牌

2017年3月9日，我国自主研制的“歼-20”战斗机正式进入我国空军序列。2019年10月13日，“歼-20” 列装中国人民解放军空军王牌部队；2021年6月18日，“歼-20”列装中国人民解放军空军多支英雄部队。

第五代隐形战斗机“歼-20”具有高隐身性、高机动性和高态势感知性，它将担负未来的主权维护任务，成为有效管控危机、遏制战争、打赢战争的重要力量。该机乘员1人，空机重量17吨，空战重量25吨，最大起飞重量37吨，武器最大装载能力11吨。机长20.3米，机宽12.88米，机高4.45米，巡航速度1.83马赫，最大飞行速度2.5马赫，最大飞行高度2万米，航程5500千米，作战半径2000千米；机上分别配有远中近程空对空导弹、格斗导弹、精确制导滑翔炸弹和机炮等各式武器。

图32 “歼-20”战斗机

“歼-20”融合了全球多种先进战机的优点，比如，融合了美国“F-22”的菱形机头、美国“F-35”的进气道、俄罗斯“T-50”的全动垂尾和俄罗斯“米格-1.44”的后机身设计等。

在介绍了中国空军的王牌“歼-20”之后，也介绍一下中国空军从小到大、从弱到强的发展史。

中国空军成立于1949年11月11日，如今已发展成由航空兵、地空导弹兵、高射炮兵、雷达兵、空降兵、电子对抗兵、气象兵等多兵种组成的现代化高科技战略性军种，主要机型包括歼击机、强击机、轰炸机、运输机等。

中国人民解放军第一所航空学校成立于1946年3月的吉林通化。该校的首批教学骨干主要来自于各部队抽调的业务能手。当时，他们用100多架飞机残骸，东拼西凑组装了40多架外形基本完整的飞机。没有汽油，就用酒精代替；没有保险带，就用麻绳代替；没有轮胎充气设备，就用自行车打气筒代替；没有牵引车，就用人推或马拉代替；缺少机轮、螺旋桨，就让多架飞机合用。

1949年11月11日，在第四野战军十四兵团的基础上，中国空军正式成立。1950年6月19日，第一支航空部队在南京成立，下辖2个歼击团、1个轰炸团和1个强击团。飞行员背景各异，既有通化航校毕业生，也有国民党空军起义者；教官来源不同，既有日本教官，也有苏联教官；至于飞机的型号，那就更是五花八门，既有英制的，也有美制的，还有日制的；机种反而不够丰富，主要包括战斗机、轰炸机、运输机和教练机。

1950年6月，朝鲜战争爆发，刚刚诞生的中国空军被迫与全球最强的美国空军交手。起初，中国空军几乎被忽视，麦克阿瑟将军甚至叫嚣“中国哪有什么空军！”。后来在1951年1月21日，中国飞行员驾驶的6架“米格-15”歼击机迎战美军20架“F-84”战斗轰炸机，结果，一架美机被击伤。8天后，又有2架美机分别被击落和击伤。同年9月25日，一架当时美国最先进的“F-86”飞机被击落。总之，中国空军在朝鲜战场上打出了自己的军威。

从20世纪60年代起，中国空军的装备不断改进。80年代，中国已拥有了国产“歼-8”等高速歼击机。90年代，中国从俄罗斯引进了先进的“苏-27”歼击机和“苏-30”歼击轰炸机，国产“轰-6U”空中加油机也成功入列。至此，中国空军终于实现了超远程、超高速、全空域、大纵深、超视距范围的攻防兼备目标。

近年来，中国空军瞄准未来高科技，积极挖掘各项潜能，重点解决远海截击、夜间编队、高速地靶、导弹攻击、电子对抗、超低空和超复杂气象条件下的飞行等难题。

“鲲龙-600”

全球最大的水陆两栖飞机

2020年7月26日，我国自主研制的“鲲龙-600”在青岛成功实现海上首飞啦！它是全球体积最大、载重最多的水陆两栖飞机，堪称“两栖飞机之王”。它采用了现代飞机中少见的平直机翼，既能在起飞时获得强大升力，又能在飞行时减少阻力。它共装备了4台发动机，可在水中滑行时灵活拐弯，即只需改变一侧发动机的推力便可轻松改变航向。另外，多台发动机还可提高风急浪高恶劣环境下的安全系数，哪怕一两台发动机意外失效，飞机也能继续执行飞行任务。

图33 “鲲龙-600”

该飞机具有速度快、机动性强、搜索范围广、搜索效率高、安全性强、装载量大等特点。它既能像水上飞机那样栖息于起伏不定的水面，并在水面高速滑行一跃飞起或能平稳降落在水面；也能将隐藏在机身内的起落架彻底放下，然后像普通陆上飞机那样，在坚硬的跑道上腾空而起或挟带巨大的动能从天而降。

“鲲龙-600”的整机尺寸与波音

737 相差无几。它的飞行性能出众，时速可达 500 千米、起飞最大重量为 53.5 吨、续航时间达 12 小时、航程达 4500 千米。形象地说，若它从三亚出发，飞到西沙、南沙，绕过我国最南端的曾母暗沙，再返回原地只需约 7 小时，并且中途不需要加油。而同样距离，哪怕是现代快速舰艇也需要约4 天时间，所以，它将在保卫我国辽阔海疆的活动中扮演不可替代的关键角色。“鲲龙-600”还可以广泛应用于消防、搜救、货运、乘运和海上巡逻等。

中国为什么要研制“鲲龙-600”呢？原来，从历史上看，“鲲龙-600”是 30 多年前中国低档水栖飞机“水轰-5”的继任者。“水轰-5”是中国自行研制的水上反潜轰炸机，是当时全球最大的水上飞机之一，其先辈是苏联的“别-6”水栖飞机。“水轰-5”于 1968 年批准研制，9 年后首飞成功，1986 年正式服役。但因“水轰-5”的机载设备存在明显缺陷，无法满足军方要求，以致最终未能批量生产。包括原型机在内，最终只生产了 7 架，其中仅 4 架服役于北海舰队航空兵。

虽然“水轰-5”没能成功，但中国军民各方对大型两栖飞机的需求却与日俱增，市场潜力巨大。比如，由于我国的水上飞机数量稀少且机体陈旧，海上远程搜救就一直是中国海军的短板。终于，经过三十余年的努力，中国研制出了自己的大型两栖飞机——“鲲龙-600”。

许多人可能并不清楚，其实水陆两栖飞机的历史非常悠久。1903 年，莱特兄弟首飞成功，仅仅两年后，法国的瓦赞兄弟就造出了人类首架水上飞机，它利用机身下方的浮筒产生的浮力来实现水上起降。1911 年，美国人又造出了船型机身的水上飞机，它抵抗风浪的能力更强。早期的水上飞机都没有起落架，只能停泊在水上，不便日常维修，这就自然催生了水陆两栖飞机的需求。后来，首架具有两栖功能的飞机由英国人于 1914 年造出来了。

“一战”前夕，水上飞机备受各国海军青睐，由此催生了全球首支海军航空部队和具有航母雏形的水上飞机母舰。“二战”爆发时，水上飞机已成为多国海军的常规装备，各国的所有重型水面舰艇几乎都搭载有两栖

飞机，日本建造了九七式飞行艇，美国也装备了“卡特琳娜”两栖飞机等。

水上飞机的民用时间也不晚。比如，早在1921年，意大利人就造出了用于客运的水上飞机，从而掀起了大型客运飞机的热潮，从20世纪30年代开始，洲际飞行几乎都被水上飞机垄断。直到喷气飞机和舰载直升机的出现，两栖飞机才逐渐淡出。不过，两栖飞机始终都被广泛应用于灭火和海上救援等。

“海翼号”

潜海最深的水下滑翔机

2017年3月，我国自主研发的“海翼号”水下滑翔机在马里亚纳海沟挑战深渊，完成大深度下潜观测任务，其最大下潜深度达到6329米，刷新了水下滑翔机最大下潜深度的世界纪录。这次共完成12趟下潜工作，总航程超过134千米，收集了大量高分辨率的深渊区域水体信息，为研究该区域的水文特性提供了宝贵资料。

图34 “海翼号”

水下滑翔机是一种新型的水下机器人，它利用净浮力和姿态角的调整来获得推进力，所以能源消耗极小，只在调整净浮力和姿态角时消耗少量能源，它的效率很高，续航可达上千千米。它的航行速度虽慢，但制造成本和维护费用都很低，可重复使用，还可大量投放以便满足长时间和大范围的海洋探索需要。

中国的海翼水下滑翔机已成系列，它们的最大作业深度从300米到7000米不等，可搭载各种传感器和水听器，可大范围观测海水的温度、盐度、浊度、含氧量、硝酸盐量及洋流变化等信息，可用于开发海洋和预防灾害等。

其实，在新型水下机器人"海翼号"投入使用之前，我国另一种型号的水下机器人就已于1997年5月21日至6月27日，顺利完成了在太平洋海底6000米处的探查任务。这是一种无缆自治型水下机器人，本体长约4.4米、宽0.8米、高0.9米、重约1.3吨。这标志着我国机器人在那时就已实现了从手动编程型向监控型的成功转变。该无缆水下机器人也是当时全球最先进的同款海底探测设备，既为我国开发海洋资源提供了强有力的手段，又使我国成为世界上具有研制此类设备能力的少数几个国家之一。

事实表明，中国的这款无缆水下机器人的性能相当可靠，不但机动性强(最大水下航速2节，续航能力10小时)，还能快速而精准地自动确定方向和深度(定位精度为10~15米)。此外，它在深水中的运动轨迹更是相当清晰，即使没有线缆，也能按预定航线自由航行，并在水下完成摄像、拍照、海底地势与剖面测量、海底沉物目标搜索和观察、水文物理测量和海底多金属结核丰度测量等任务，还能自动记录各种数据及其相应的坐标位置。

中国的水下滑翔机和无缆水下机器人为什么都能在深海中不迷路呢?

原来，中国科学家早在2004年1月8日就成功研制出了国内首套水下高精度定位导航系统。比如，在水深45米左右的水域中，该定位系统的水平导航精度竟高达5厘米，测深精度高达30厘米。这使过去传统水下定位精度从十多米提升到了亚米级，使测深精度也登上了一个新台阶，更使我国成为继美国、法国、德国之后，世界上少数几个掌握了水下高精度定位技术的国家之一。该成果如同陆地GPS代替传统的大地测量技术一样，它是新一代的水下“指南针”，必将开辟海洋测绘和海洋军事技术等应用的新纪元。

实际上，水下 GPS 是国际上近几年才发展起来的一种水下定位高科技手段，它可实现水上对水下目标的精准跟踪和定位。比如，只需借助漂浮在水面的几个浮标，就能收到水下目标物的声波信号和 GPS 信号，再经过一系列的数据处理后，就能得到目标物的精确位置。因此，它可以用于水雷对抗、水下搜救和水下哑弹爆破等军事用途，更可以用于水下目标导航和水下目标瞬时深度监测等民用任务。

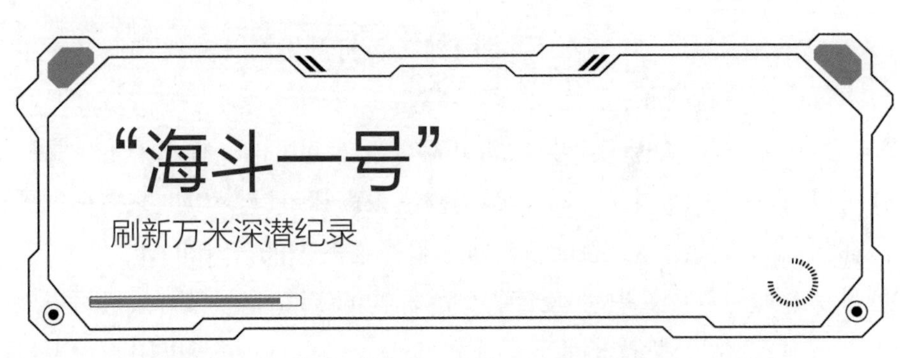

“海斗一号”

刷新万米深潜纪录

2020 年 4 月 23 日，我国研制的首台作业型全海深自主遥控潜水器“海斗一号”，在马里亚纳海沟成功完成了万米海试，最大下潜深度达 10907 米，刷新了中国潜水器的下潜深度纪录，填补了中国万米作业型无人潜水器的空白。2021 年 10 月 10 日，“海斗一号”又取得世界级成果：在国际上首次实现了对马里亚纳海沟西部凹陷区大范围、全覆盖的声学巡航探测。

“海斗一号”首次采用了高精度声学定位技术和多传感器信息融合技术，可获得深海专属的物理、化学、地质及生物等数据；它配备了具有自主知识产权的多功能机械手，能完成深海样品抓取、沉积物取样、标志物

图 35 “海斗一号”

布放、水样采集等科考作业;它还配备了高清摄像系统,可获取各作业点的海底环境、生物活动和海沟地质等影像,从而为深入研究海底综合情况提供了宝贵素材。

“海斗一号”的成功研制、海试与试验性应用,是中国海洋技术领域的一个里程碑,为中国深海科学研究提供了全新的技术手段,也标志着中国无人潜水器技术进入了可覆盖全海深探测与作业的新时代。“海斗一号”的研制非常困难,比如,在万米海底,仅仅是手指甲盖大小的面积就得承受1吨压力,就更甭说在通信、控制和材料等方面的拦路虎了!

“海斗一号”的成功,也得益于我国在深海潜水器方面的多年积累。比如,早在2017年10月3日,我国“深海勇士号”载人潜水器就在海南完成了全海区试验任务,最大下潜深度为4534米。这意味着继“蛟龙号”后,中国深海装备又迈上了一个大台阶,实现了中国深海装备由集成创新向自主创新的历史性跨越。

“深海勇士号”的下潜深度为什么要设计为4500米呢?因为该深度已基本覆盖了我国主要海域,特别是已满足了整个南海探测的需求。同时,这也是国际海域资源可开发的深度,比如,海底热液硫化物和海底冷泉等重要目标的深度都约为3000米。另外,性价比也是一个重要因素,在当前的技术条件下,更深的下潜设备将使研制难度和成本大幅度提高。

其实,在“深海勇士号”之前,我国就已自行设计、自主集成研制了“蛟龙号”载人潜水器,并在2010年5月至7月,在中国南海创造了7020米的中国深潜纪录。2012年6月,“蛟龙号”又在马里亚纳海沟创造了下潜7062米的世界纪录,准确地说,是当时世界同类作业型潜水器最大下潜深度纪录。

“蛟龙号”是当时全球下潜能力最强的作业型载人潜水器,可在占世界海洋面积99.8%的广阔海域中使用,对于我国开发利用深海的资源有着重要的意义。“蛟龙号”的成功,使得中国成为继美国、法国、俄罗斯、日本之后第五个掌握大深度载人深潜技术的国家。

“蛟龙号”的用途主要有两方面:一是载人进入深海,在海山、洋脊、盆地和热液喷口等复杂海底进行机动、悬停、就位和定点坐坡，以执行相关任务；二是深海探矿、海底高精度测量、可疑物探测与捕获、深海生物考察等。

既然我国的“蛟龙号”已能载人下潜至海底7000米，为什么还要研制“深海勇士号”呢？这主要是想提高国产化率。历经八年艰苦攻关，“深海勇士号”的关键部件国产化率达91.3%，主要部件国产化率达86.4%。特别是它的浮力材料、深海锂电池、机械手臂等都由中国自主研制，既降低了成本，又提升了中国的创新能力。

“奋斗者号”

刷新万米载人深潜纪录

2020 年 11 月 10 日 8 时 12 分，中国万米载人潜水器成功刷新了载人深潜新纪录，在全球最深的马里亚纳海沟抵达了惊人的 10909 米海底！从此，中国人真的“可下五洋捉鳖”了，真的能在全球任何海底探险了！更加难能可贵的是，在潜入深海的众多科学家中，有的科学家竟然已经 67 岁了！

图 36 “奋斗者号”

哇，这可不得了，因为研制“奋斗者号”的难度一点也不亚于“可上九天揽月”的航天器。且不说众多的其他困难，单说在该海沟里难以想象的极高水压就足以让人望而却步。普通人若不佩戴保护装备，下潜 10 米就是水压极限。待在 10909 米的深海处，就相当于在肩上同时踩着 2000 头非洲大象。哪怕是全球最先进的潜水艇，都绝对不能抵达如此深度，甚至在该深度的八分之一左右时，就已被海水压成铁饼了。即使是采用最好的钢板来做成铁罐，照样也禁不住考验。因此，必须研制专用的最硬钛合金，而这又是一个大难题。就算千辛万苦解决了该难题，紧接着又面临下一个难题，那就是如何对坚硬无比的钛合金进行加工。总之，困难一个接一个，而且一个更比一个难。

非常好玩的是，科学家们在解决了所有技术难题后，却将取名难题留给了广大网友，掀起了“起名才艺大比拼”高潮。最后，经过激烈讨论，“奋斗者号”这个名字总算在近十万候选名单中脱颖而出了。

许多人也许会觉得奇怪，我国为什么如此重视深海潜水器，为什么要投巨资先后研制诸如前面已经介绍过的“蛟龙号”“深海勇士号”“海斗一号”，以及本节介绍的“奋斗者号”？人们更会觉得奇怪的是，在深海处，特别是在全球最深的马里亚纳海沟，几乎没有任何食物资源，而且水压奇高、周遭漆黑、含氧极低。我们为什么要去探索如此恶劣的环境？为什么要不断刷新深潜纪录，甚至在全球首次同时将3人送入如此深海之中？须知，马里亚纳海沟的最深处大概为11034米，比倒悬的珠穆朗玛峰还要高出很多呢！

原来，深海潜水器，特别是深海载人潜水器，是海洋开发的前沿与制高点，它可以充分体现一个国家的综合科技实力，特别是在材料、控制、海洋学等领域的实力。深海潜水器可分为有缆水下机器人、无缆水下机器人和载人潜水器等，它们是人类探索深海奥秘的重要工具，可完成多种复杂任务，包括通过摄像、照相对海底资源进行勘查，执行水下设备定点布放，以及检测海底电缆和管道等。

深海潜水器与过去大家熟悉的潜艇相比，既有区别又有联系。比如，深海潜水器不是完全自主运行的，必须依靠一只或多只母船补充能量和空气。以“奋斗者号”为例，它的母船主要有两只：其一是作为支持船的“探索一号”，其二是作为保障船的“探索二号”。每次潜海结束后，“奋斗者号”都会被回收到母船上，而不是在海中独立行驶。此外，深海潜水器的体积较小，航程短，也没有潜艇中的艇员生活设施。

深海潜水器和潜艇的下潜方法基本相同，都是向空气舱中注入海水，但它们上浮的方法则不同。潜艇上浮时，会使用压缩空气把空气舱中的海水逼出去;而深海潜水器由于下潜深、环境压力大,压缩空气不足以逼出空气舱中的海水。比如,水下 5000 米的压力相当于 500 个大气压,也就是相当于在 1 平方米的面积压上 5000 吨重量,在深海潜水器中根本无法产生如此强大的气压设备,只好采用抛弃被电磁铁控制的压载铁的办法来实现上浮。

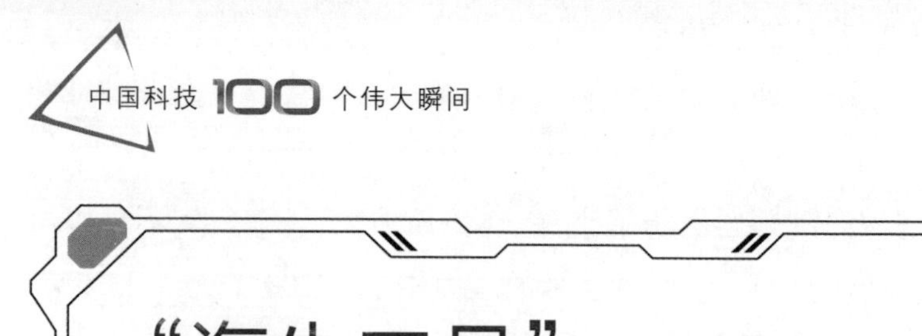

“海牛二号”

可燃冰神探

“海牛二号”是中国首台深海底大孔保压取芯钻机。2021年4月7日，它在我国南海超过2000米的海底成功下钻了231米，刷新了深海取芯钻机的钻探世界纪录，标志着我国在该领域达到了世界领先水平。

图37 “海牛二号”

具体说来，“海牛二号”取芯钻机不但能像普通取芯钻机那样，在深海取出大孔径的岩石钻芯，更关键的是，它还能取出可燃冰的钻芯，其“绝招”就是它的保压能力。原来，可燃冰是一种天然气与水的混合物，在深海时它看起来像冰块，可一旦被取出海面后，很快就会因失去海底的巨大压力而被分解，重新变回天然气和水，接着消失得无影无踪。形象地说，若用普通取芯钻机，几乎无法勘探到深海的可燃冰，就更甭谈可燃冰的开采了。

除了保压外,“海牛二号”还得克服众多其他困难,比如,作为机动性要求很高的勘探设备,它的体形和重量应该越小越好,但钻芯的孔径又应该越大越好,以便获取更多的分析样品。此外,“海牛二号”还做到了实时测定被钻海底的电阻率和孔隙率,并能现场直播钻孔内的周边情况等。

可燃冰将是21世纪新型高效替代能源。我国早在2004年就首次在南海、东海等中国管辖的海域发现了可燃冰的蛛丝马迹,并圈定了其分布范围,接着便紧锣密鼓地开始了可燃冰的探测工作。比如,2019年9月26日,我国科学家成功研制出了半潜式钻井平台“蓝鲸2号”,紧接着,于2020年3月利用“蓝鲸2号”在水深1225米的南海神狐海域顺利完成了可燃冰的试采任务,创造了“产气总量86.14万立方米,日均产气量2.87万立方米”两项世界纪录,攻克了深海浅软地层水平井钻采核心技术。

“蓝鲸2号”是目前世界上作业水深最深的半潜式钻井平台,可达3658米,而且其钻井深度也最深,可达15250米。平台长117米,宽92.7米,高118米,自重4.4万吨,可抵御15级以上的飓风,可在全球95%的海域作业。与传统单钻塔平台相比,“蓝鲸2号”配置了高效的液压双钻塔和全球领先的闭环动力管理系统,可提升作业效率30%,节省燃料消耗10%。与过去的“蓝鲸1号”相比,“蓝鲸2号”在建造工艺各方面都有重大创新,并在试航中完成了特定操作模式下的电力系统闭环试验。该试验在国内尚属首次,实现了海洋工程能源及动力系统优化的重大突破。

此外,我国还研制了多种其他类型的深海可燃冰开采设备。比如,利用水平井钻采设备,我国于2020年2月27日在水深1225米的南海神狐海域成功试采了可燃冰,点火持续至当年3月18日,使我国成为全球首个采用水平井钻采技术试采海底可燃冰的国家。

试采期间,科研人员克服了无先例可循、恶劣海况等困难,还攻克了深海浅软地层水平井钻采关键核心技术,特别是打破了国外垄断的控制井口稳定的吸力锚技术,使产气规模大幅提升,为生产性试采、商业开采奠定了坚实的技术基础。

至此，我国拥有了一套自主研发的、能实现可燃冰勘查开采产业化的关键技术装备体系，特别是创建了独具特色的环保体系，构建了大气、水体、海底、井下"四位一体"监测方案，创新的安全防控技术确保了开发可燃冰的可行性。这些成果将在海洋资源开发、涉海工程等领域得到广泛应用，增强我国"深海进入、深海探测、深海开发"的能力。

“天鲲号”

亚洲最大的造岛神器

2019 年 3 月 12 日，亚洲最大的重型自航绞吸船“天鲲号”完成通关手续，从江苏连云港开启首航之旅。完全由我国自主研发建造的疏浚重器“天鲲号”正式投产首航，标志着中国在这方面已处于世界先进地位。

图 38 “天鲲号”

“天鲲号”全船长 140 米，宽 27.8 米，吃水 6.5 米，满载排水量 1.7 万吨，设计航速 12 节，最大挖深 35 米，每小时可挖泥 6000 立方米。它是目前亚洲最先进的绞吸挖泥船，也是全球智能化水平最高的自航绞吸船，更是我国打造建设海洋强国的国之重器，将在捍卫南海主权方面扮演不可替代的角色。

一听说“天鲲号”只不过是一条疏浚船，或俗话说的“挖泥船”，许多人

可能立即就会产生误会。其实,挖泥船非常重要,它不但能疏浚江河湖海,更是建造人工岛屿的“神器”。它通过巨型绞刀将河道或海底的泥沙、岩石绞碎,再通过泥泵、排泥管等将泥沙混合物输送到几千米乃至十几千米之外,或使航道通畅,或快速造岛。比如,中国的第三大岛——崇明岛,就是由长江输出的泥沙填造而成的。

曾经,我国的疏浚装备非常落后。为此,我们先后走过了整船进口、国外设计与国内建造相结合、国内自主设计与建造等阶段的曲折道路,经历了从无到有、从小到大、从弱到强的艰难历程。终于,“天鲲号”填补了我国自主产权重型自航绞吸船的空白,使我国在重型疏浚装备的设计和建造方面进入了国际第一梯队。具体说来,“天鲲号”至少创造了如下六个“第一”。

它是国内第一艘自主设计与建造且拥有自主知识产权的重型自航绞吸船,不但绿色环保,还高效智能。它的船尾带有波浪补偿装置,船头设置了柔性钢桩台车及三缆定位系统,机舱和泵舱位于船的中部,甲板上设有气动减振装置。

它是国内第一艘采用全电力驱动的自航绞吸船,可根据实际负荷需求和泥泵排距长短,来实时合理地选择柴油发电机组的开启数量,从而实现装机功率的最有效利用。它配置有多台大功率发电机组,水下泵功率高达5000千瓦,舱内泵功率更达1.2万千瓦,主推进功率也达8000千瓦。

它是全球挖掘能力最强的疏浚设备之一。其绞刀的最大功率可达9900千瓦,绞刀转速可根据土质的变化而随意调速。两台驱动电机可根据挖掘功率的需要选择单机或双机运转,挖掘功率位居世界前列、亚洲第一。它配备了四种型号的绞刀头,可适用于淤泥、黏土、砾石、强风化岩、密实沙质土和抗压强度高达50兆帕的岩石。

它的输送系统能力世界排名第一。它的泥泵电机总功率1.7万千瓦,最大排距15千米。它还配备了最新型高效泥泵,每台泥泵的叶轮直径都各不相同,叶片数也不同,可轻松满足不同输送工况的要求。它的吸排泥管径粗达1米，全部采用双层复合高耐磨材料，可大大提高吸排泥管路的耐磨性能和使用寿命。

它适应恶劣海况的能力也是全球第一，因为它配有全球最好的波浪补偿系统和定位系统，可适应3~4米高的波浪，可保证船舶在大风浪工况下的安全施工。它的挖深范围为6.5~35米，属世界前列、亚洲第一。

它拥有国际领先的自航绞吸船智能集成控制系统，具有三维建模与显示、实时潮位推算、能效管理、大数据分析和智能自动挖泥控制等先进功能。

此外，“天鲲号”还在泥泵封水、智能海水冷却、气动减震、海水淡化等方面独具优势。

“海洋二号”

太空瞰海观细浪

2021年7月29日,“海洋二号D”卫星成功发射。从此,我国建立了一个基本完整的海洋动态环境卫星网络,终于有了一个能从太空遥视海洋的“超级管家”。该“管家”能探测海面风场、浪场、流场、温度场和海面高度等,以获取全球海洋风矢量场和表面风应力数据,以及全球高分辨率大洋环流、海洋大地水准面、重力场和极地冰盖数据等。该“管家”的多项指标都达到国际先进水平,比如,测定海面高度的精度优于4厘米,波高精度优于0.5米,可测海面风速最高达50米每秒,风速精度为2米每秒,风向精度为20摄氏度,海面温度精度为1摄氏度。

图39 “海洋二号D”卫星

“海洋二号”卫星的成功组网,将为我国海洋观测开辟一个崭新的领域,使我国海洋卫星首次能以厘米级的定轨精度和微波探测的方式,全天时、全天候地获取宝贵的海洋动态环境数据,极大地提升我国海洋监管、海权维护和海洋科研的能力。卫星能以无与伦比的优势对海洋进行遥感观测、获取各类数据和开拓应用空间等，这标志着我国海洋卫星向着系列化及业务化的方向迈出了一大步，更填补了我国海洋强国建设方面的重要空白。

其实，许多人可能并不清楚，为了能对浩瀚的海洋进行仔细观察，从2002年5月15日发射首颗海洋卫星“海洋一号A”至今，我国科学家早已一步一个脚印地奋斗了二十余年，克服了各种各样的困难。比如，起初为了减轻卫星的重量，科学家们在国内首创了用单轴驱动器来驱动两个太阳翼的新技术。另外，科学家还巧妙利用信息网络技术，大幅度减少了电缆的数量与重量，解决了长期以来困扰卫星研制的电信号干扰难题。

由于“海洋一号A”只是重点探测水色、水温和海岸外观，所以，在2007年4月11日，我国又发射了“海洋一号B”，此次不但提高了卫星的观测能力，还增强了卫星的稳定性、可靠性，并延长了寿命。2018年9月7日，“海洋一号C”顺利升空，不但拉开了我国民用空间基础设施的海洋卫星业务序幕，还承担起了我国海洋水色观测的使命，在海冰、赤潮、溢油、森林火灾、围海填海监测等方面都做出了突出贡献。后来，“海洋一号D”于2020年6月11日升空并与“海洋一号C”成功组网，从此，我国走上了海洋卫星发展的快车道。

从2011年8月16日升空的“海洋二号A”起，我国迎来了海洋动态环境监测新时代，卫星遥感能力大幅提升，终于能广泛获取全球海面风场、浪场、动力场、大洋环流和海表温度等多种重要参数，并将它们直接应用于海洋环境监测与预报、海洋调查与资源开发、海洋污染监测与环境保护等领域。此外，“海洋二号”还能与“海洋一号”配合，以微波和光学等观测手段，将海洋动态环境监测与海洋资源探测相结合，进一步完善我国的海洋立体监测体系。

2018年10月25日，“海洋二号B”一飞冲天，通过持续监测海面风场、海浪、海流、温度、风暴和潮汐，形成连续稳定的海洋环境监测数据，在海洋防灾减灾、环境预报、资源开发等领域发挥了重要作用。此外，它还能识别全球船舶、收集全球海洋浮标数据等。

2020年9月21日“海洋二号C”成功入轨并与其他卫星组网。从此，我国海洋观测的范围、效率和精度得以大上台阶，比如，能够精确监测全球海洋表面风矢量和海面高度，自动识别全球船舶，接收、存储和转发全球海上浮标信息。

总之，随着“海洋二号D”的成功发射和组网，我国对全球海洋监测的覆盖能力已超过80%，我国也终于成为海洋监测领域的大国和强国。

“人造太阳”
可控核聚变新纪录

2020 年 12 月 4 日 14 时 02 分，一件听起来极其疯狂，甚至有点魔幻的事情在中国真实发生啦！原来，这一天，我国新一代“人造太阳”从东方冉冉升起来了！用行话来说，就是“环流器二号 M 装置正式建成，并实现了首次放电”。简单一点来说，我国在可控核聚变方面取得了实质性的突破，今后有可能人工实现太阳的“燃烧”过程，将两个较轻的原子核聚合为一个较重的原子核并释放能量。更形象地说，中国成功制造出了温度达 1.3 亿摄氏度（远超太阳表面温度）、压力高达 100 个大气压的极端环境。特别是在 2021 年 12 月 30 日晚，中国科学家更将人造太阳的温度提升到了 1.6 亿摄氏度，同时也将该温度的持续时间延长到了创纪录的 1056 秒。

这是什么意思呢？原来，此前“人造太阳”的最长持续时间纪录属于美国，而且只有 400 秒，这次中国科学家一口气就将该纪录提升了一倍多！当然，中国的这个纪录还需要再提高，因为，若想让可控核聚变真正具有核能发电的商业价值，那就必须将“人造太阳”的持续时间提升到 3000 秒以上。如果一切顺利，估计人类首座可控核聚变发电站将在 2035 年开工建造，并在 2050 年前正式投产。因此，中国科学家还需再接再厉，争取继续保持领先状态。

为什么要将可控核聚变形象地称为“人造太阳”呢？因为，它的工作原理与太阳发光和发热的原理相同，也与氢弹的爆炸原理相同——都是大名鼎鼎的核聚变。但可控核聚变发生的条件非常苛刻，首先需要上亿度的极高温度才能使原子核具备足够高的动能，也才能克服原子核之间的库仑排斥力，让原子核相互足够靠近，从而让短程核间吸引力发挥主要作用。此外，还要让等离子体的密度足够高，才能提高原子核之间的碰撞机会，即发生核聚变反应的机会。只有将高温、高密度的核反应条件维持足够长的时间，才能使核聚变反应得以持续进行。

科学家们为什么要研制“人造太阳”呢？当然不只是想要在冬天取暖或晚上点灯，而是想利用核技术在地球上建造一个神奇装置，让它像太阳那样永远释放能量，一劳永逸地解决全球能源问题。毕竟，石油、天然气和煤炭等化石能源终将耗尽，风能和水能等能源的总量又太有限，因此只好在核能方面想办法了。毕竟，一旦可控核聚变发电技术取得突破，人类就将获得几乎无限的能源，不仅再也不需要担心能源紧缺和环保问题，甚至还可能采用该技术建造星际飞船，开启人类的大航天时代。

其实，中国研制“人造太阳”的起步时间并不晚，甚至早在20世纪50年代，我国就基本上与国际同步。1965年，我国在四川乐山建成了核聚变研究基地。特别是在20世纪90年代，在经济还相当困难的情况下，我国用价值1800万卢布的羽绒服、牛仔裤、瓷器等生活用品，从其他国家换回了承载高温核聚变的“容器”，行话叫“半超导托卡马克装置T-7”，简称

图40 “人造太阳”

“T-7”。接着便对“T-7”进行了根本性改造,并终于在1997年11月17日,成功研制出了我国自己的第一个“T-7”,准确地说应该叫“HT-7”(合肥T-7的简称,因为它诞生于安徽合肥),从而使我国成为继俄罗斯、法国、日本之后第四个拥有自产“T-7”装置的国家。

2000年10月,中国自主研制的“HT-7”升级版(简称“EAST”)正式开工建设，并于2006年3月进行了工程调试,2006年9月26日成功获得高温等离子体。随后,中国的“人造太阳”工程就走上了突飞猛进的快车道。

小型化自由电子激光器

梦想成真的奇迹

2021年7月22日,《自然》杂志封面文章报道,中国科学家利用自主研制的高性能超强超短激光装置,首次实现了自由电子激光放大输出,创造出了波长10~27纳米、单脉冲能量高达100纳焦的超强激光。这对于发展小型化、低成本的自由电子激光器具有重大意义,难怪它被国际同行称为“又一个里程碑成果”,将为新的应用创造更多可能。

自由电子激光器是目前最先进的第四代光源,是实现X射线波段高亮度相干光源的最佳技术途径。目前全球虽有八台这样的第四代激光装置,但它们都是基于传统的射频直线电子加速器来对电子束进行加速,所以其体量都奇大无比,有的绵延数百米,有的甚至绵延数千米,很难实现推广和普及。为此,自2004年以来,发明小型化、低成本的自由电子激光器就成了全球该领域许多科学家梦寐以求的目标。然而,十几年过去了,科学家们的这个梦想却始终未能实现,直到这次我国科学家采用激光加速器的全新方式,才从实验层面证实,自由电子激光装置的规模真的可以缩短至十米数量级。

其实,早在2012年,该项目团队就开始追梦。当时,他们挂在墙上的巨幅标语是“加班奋战三百天,不见出光誓不还”。可哪知,这一干何止三百天,而是三千多天!这个过程中的酸甜苦辣自不必细说:起初还小有成就,比如,他们在2015年6月验证了原理样机,而在2016年9月就获得世界最高亮度的电子束;接着,便是年复一年的“冷板凳”。其间,评职称耽误了，发论文也影响了，直到2021年他们才苦尽甘来，终于笑到了最后。

激光理论起源于爱因斯坦。他在1917年指出：在原子中，不同数量的电子分布在不同能级上，高能级上的电子受到光子的激发后，便会跃迁到低能级，同时辐射出光；在特殊状态下，弱光会激发出强光，这就是“受激辐射的光放大”，简称“激光”。1960年人类终于获得了第一束激光，并研制出了产生激光的激光器。

激光是20世纪伟大的发明之一，也被称为“最快的刀”“最准的尺”“最亮的光”等。与普通光相比，激光具有更好的单色性和方向性，故被广泛应用于许多领域，如激光焊接、激光切割、光纤通信、激光测距、激光雷达、激光武器、激光唱片、激光矫视、激光美容、激光扫描、无损检测等。

我国在激光理论和技术方面都有较好的基础，无论是前面介绍的小型激光器，还是高功率的巨型激光器，我们都曾取得过重大成果。比如，早在2002年，我国就成功研制了总体技术性能指标位列当时全球前五的巨型激光器——“神光二号”，它标志中国高功率激光研究已进入当时的世界先进行列。实际上，当时只有美国和日本等少数发达国家才能建造出如此精密的巨型激光器。

“神光二号”由上百台光学设备组成，其占地面积相当于一个标准足球场。当八束强激光通过空间立体排布的放大链，聚集到一个小小的燃

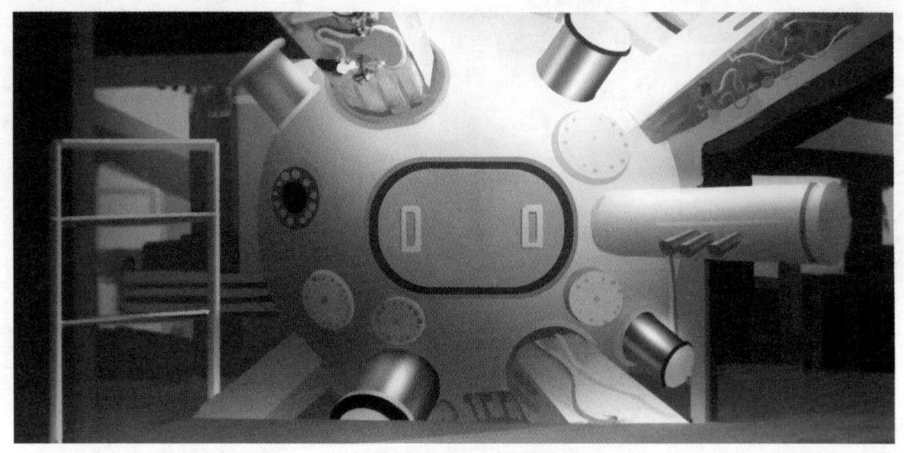

图41 “神光二号”

料靶球上时,在十亿分之一秒的超短瞬间内,该激光器便可发射出数倍于全球电网电力总和的强大功率,从而释放出极端的压力和高温,并进一步引发核聚变反应。在自然界,类似的物理条件只会出现在核爆炸中心、恒星内部或黑洞边缘。

"神光二号"已在科学实验中扮演了不可替代的角色,因为它所释放的巨大能量创造了罕见的极端环境,大力推动了许多基础科学研究。比如,核聚变是未来清洁能源的希望所在,今后也许可以利用激光聚变技术,把海水中丰富的同位素氘或同位素氚转化为无尽的能源。

深紫外全固态激光器

全球独此一家

2013 年 9 月 7 日，我国科学家成功研制出全球唯一可实用化的深紫外全固态激光器，目前已生产出 8 台集实用化、精密化于一体的此类激光器，实现了一系列关键指标的突破。此类激光器的研制成功，以及它在石墨烯、高温超导、拓扑绝缘体和催化剂等方面的重要应用，使我国在深紫外方面的研究处于国际领先地位。

中国科学家取得本项成果的价值体现在哪里呢？原来，科研装备创新能力是衡量一个国家科技创新能力的重要标志。现代科技的进步越来越依靠科学仪器的创新和发展，科研仪器装备的突破，往往会催生新的科研领域，从而产生重大创新成果。迄今为止，至少有三分之一的诺贝尔物理学和化学奖都授给了测试仪器和实验方法方面的重要创新成果。所以，我国若要实现重大科学突破，就必须像本成果一样，开发新的试验手段，研制新的仪器装备。

图 42 激光器

所谓的激光器就是能发射激光的装置，它的种类很多。比如，若按产生激光的物质状态来分类，便可将所有激光

器分为以下五大类。

一是固体激光器。它们采用的工作物质主要是晶体和玻璃，其发光中心由掺入了受激金属离子的晶体或玻璃基质制成。

二是气体激光器。它们采用的工作物质是气体，根据气体中真正产生受激发射作用之工作粒子性质的不同，又可将气体激光器细分为原子气体激光器、离子气体激光器、分子气体激光器、准分子气体激光器等。

三是液体激光器。它们所采用的工作物质主要包括两类液体：一类是有机荧光染料溶液，另一类是含有稀土金属离子的无机化合物溶液。

四是半导体激光器。它们以一定的半导体材料作为工作物质，它们的原理是通过一定的激励方式，在半导体的能带之间或能带与杂质能级之间，通过激发非平衡载流子而实现粒子数反转，从而产生光的受激发射。

五是自由电子激光器。这是一种特殊类型的新型激光器，它们的工作物质为高速运动的定向自由电子束，只要改变自由电子束的速度就可产生相干电磁辐射。

我国科学家在各种激光器的研制方面都有很好的表现。比如，早在2011年11月28日，我国就研制出了当时世界上最大的激光快速制造装备，它是一款工业级的1.2米×1.2米的“选择性激光烧结成形装备”。该装备与工艺的开发是当时我国在先进制造领域的一项重大突破，更表明当时我国已在快速制造领域达到了世界领先水平。

什么是选择性激光烧结成形呢？原来，它是一种已经广泛工业化的快速制造技术，也是目前最具发展前景的快速制造技术之一。其原理与3D打印类似，即将计算机设计出的复杂零部件分解成若干层平面数据，然后用激光把金属、陶瓷、塑料、砂等粉末材料按平面数据烧结，形成一个平面形状，再通过层层累积叠加，就像植物生长那样一次性整体成形。这项技术将多维制造变为简单的由下至上的二维叠加，大大降低了设计与制造的复杂度，甚至可以制造出传统方式无法加工的奇异结构，如封闭内部空腔、多层嵌套等。该设备已被应用于航空和航天等领域中的许多高难器件的制造，并将扮演越来越重要的角色。

液态金属机器

现实版终结者

哇,这简直像科幻!准确地说,它就像是电影《终结者》中的那个由特殊液体金属组成的机器人;像那个可以随心所欲地变形,且在受到攻击甚至被融化后还能像液体一样重新恢复原貌的主角;像那个可以穿越任何狭小孔隙,然后再重新自动复原的终结者怪物。若非是 2015 年 3 月 26 日的学术刊物《先进材料》的权威报道,若非它已被评为“2015 年中国十大科技进展”,否则还真不敢相信这样的奇迹——原来,中国科学家造出了世界首台“液态金属机器”。

这到底是一项怎样的奇迹呢?天哪,一团团直径约为 5 毫米的,就像地板上的水银珠那样的液态镓金属球,在吞噬了一小块铝片之后,竟然

图 43 液态金属机器

就能在电解槽中以5厘米每秒的速度移动；若遇弯道，它们会稍稍停顿，如同在思考一样，随后继续前进；若遇窄缝，它们就会自己变形通过其中，其形态可随着槽道宽窄自动变化；若有多个液滴，它们还能像小火车一样鱼贯而行，既能在狭窄处化整为零，也能在较宽处化零为整；若有外加电场，液滴就会向正极定向运动。

更神奇的是，它们既不耗电，也不烧油，甚至不需要任何外界能源。只要给它们"喂"一小块占其自身体重1%~10%的铝片，它们就能在常温下自主运行1小时，然后再等着被"投喂"下一块铝片，就好像它们可以新陈代谢一样。总之，它们依靠自身的能量而驱动，根据环境而变形，其习性已非常接近软体生物。难怪它们被《自然》杂志称为"液态金属马达"，被《科学》杂志称为"可变形金属马达"，因为它们在未来真有可能被用于研制实用化智能马达、血管机器人、流体泵、柔性执行器乃至更为复杂的液态金属机器人等。

非常好玩的是，这种液态金属的"贪吃"特性，竟然是一位研究生"犯懒"的意外发现。原来，像水银一样的液态镓金属球是一种并不罕见的材料，其具有很好的流动性，这就自然会激发研究者试图对它们进行"电驱动"。果然，研究者很快就发现，这种液态金属球的外形和运动状态都可以用电来轻松控制。比如，在适当的电场作用下，既可让一张大面积的液态薄膜缩成小球；又可让液态金属球高速自旋，或在液态流体中诱发出漩涡；还可以让它们定向运动等。

既然这种液态金属可以通过"电驱动"，它们是否还可以像生物那样"自驱动"呢？为此，科学家们陷入了长期迷茫，直到那位研究生的出现为止。"我看到桌上有块铝箔纸，本该将它扔进门外垃圾桶，但转念一想：铝很活泼，若跟液态金属接触的话会发生什么现象呢？于是，我顺手就将垃圾铝箔扔进了身旁的液态金属中。可哪知，没过多久，液态金属表面就开始冒气，紧接着它就欢快地动起来了！"那位"懒人"平静地说道。

这个发现虽属偶然，却能激发无限的想象力。比如，除了铝，这种液态金属还能吃什么呢？液态金属今后能否成为新的智能体呢？它们能否被当成人体的一部分而取代坏死的骨骼、神经和肌肉呢？它们能否在电子学、生物学、机器人、传感器、材料科学、流体力学及计算机科学等领域中激发更多的灵感呢？今后是否真的能造出像“终结者”那样的柔性机器人，让它们为人类造福呢？比如，让它们穿过狭小空隙去救灾，让它们将特殊药物送入体内特殊部位，让它们清洗血管等。

关于液态金属机器的未来应用还有很多想象，目前它们已在计算机CPU的散热系统中发挥了奇效。

中国探月工程

上九天揽月

2020年12月17日，“嫦娥五号”返回器携带月球样品，采用半弹道跳跃方式再入返回，在内蒙古四子王旗预定区域安全着陆，这意味着中国探月工程第一阶段的第三期已圆满收官。2022年4月24日，国家航天局正式宣布，中国探月工程第一阶段的第四期已全面启动，中国将陆续发射“嫦娥六号”“嫦娥七号”“嫦娥八号”探测器，继续开展关键技术攻关和国际月球科研站建设。其中“嫦娥六号”计划到月球背面采样，并正在论证构建环月球通信导航卫星星座。

图44　中国探月工程

中国探月工程，又名“嫦娥工程”，于2004年启动。它分为无人月球探测、载人登月和建立月球基地三个阶段。其中，第一阶段进展顺利，第二阶段和第三阶段也正在按计划积极准备。到目前为止，第一阶段的前三期（绕、落、回）工作都很理想。

第一期（绕）实现了环绕月球的探测任务。“嫦娥一号”于2007年10月24日升空，随后顺利进入绕月轨道，通过遥感探测，获取了月球表面三维影像，探测了月球表面有用元素含量、物质类型和月壤特性，并在奔月途中探测了地-月空间环境。在环月探测16个月后，“嫦娥一号”如愿受控撞月。

第二期（落）实现了月面软着陆和自动巡视勘查。“嫦娥二号”于2010年10月1日升空，为“嫦娥三号”验证了多项技术可行性，使后者于2013年12月14日成功着陆月球正面，并开展了月面巡视勘察，最终获得了大量重要数据。目前，“嫦娥三号”的着陆器仍在工作，它已成为月球表面寿命最长的人造航天器。2019年1月3日上午10点26分，“嫦娥四号”探测器又成功着陆月球背面，这使中国成为全球首个在月球正面与背面均完成探测器软着陆的国家。如今，我国完成了着陆区地形地貌、地质构造、岩石化学与矿物成分和月表环境的探测任务，进行了月岩的现场探测和采样分析，还进行了“日-地-月”空间环境监测和天文观测。

第三期（回）实现了无人采样返回。“嫦娥五号”不但取回了2千克月岩土壤，使我国成为继苏联和美国之后，第三个取得月球样本的国家，还对着陆区的形貌和地质背景进行了深入勘查，深化了人类对地月系统起源和演化的认识。

人类为什么要探月呢？原来，月球具有可供人类开发和利用的各种独特资源，月球上特有的矿产和能源是对地球的重要补充，将对人类的可持续发展产生深远影响。比如，月球上存在着大量的以“氦-3”为代表的核聚变燃料，它们将是今后可控核聚变的主要核燃料。此外，月球还是人类探索太空的理想跳板，它距离地球只有38万千米，没有大气层遮挡，引力只有地球的1/6。在如此环境下进行天文观测，人类将看得更深更远。在月表发射航天器，其难度和成本也将大大降低，今后从月球基地奔赴火星也将更加容易。难怪月球已成为美国、俄罗斯等航天大国争夺战略资源的焦点，甚至欧洲诸国、印度、日本、韩国等中小国家也都纷纷开始逐月。

经过近二十年的不懈努力，如今，探月工程已实现了我国航天深空探测零的突破，基本完成了“绕、落、回”“三步走”战略。“嫦娥六号”将是“回”的收官之作，将从月球背面取回月壤。接着，由随后的“嫦娥七号”“嫦娥八号”等相继完成载人登月和建立月球基地的壮举，实现新的“勘、研、建”“三步走”战略。

中国探月工程的目标主要有：一是获取月球表面三维影像；二是分析月球表面有用元素含量和物质类型的分布特点；三是探测月壤的厚度和氦的资源量等；四是探测地月空间环境，比如，记录原始太阳风，研究太阳对地月空间的影响等。

中国火星探测计划

天问系列

“中国火星探测计划”于2016年正式立项，其主要任务包括：探索火星的生命活动信息，如火星过去和现在是否存在生命，火星生命生存的条件和环境，以及生命的起源等；从环境科学角度来研究火星的磁层、电离层和大气层，包括火星的地形与地貌特征、火星表面物质的组成与分布、火星内部结构与成分、火星的起源与演化等。

“中国火星探测计划”将以服务于人类的可持续发展为目标，探讨火星的长期改造与未来作为人类第二栖息地的可能性；将以“一步实现绕着巡，二步完成取样回”为发展路线，实现跨越式发展，即通过第一次发射任务实现火星环绕、着陆和巡视，对火星开展全球性、综合性的环绕探测，在火星表面开展区域巡视探测，然后再通过另一次发射，实现携壤返回。

一提起中国最早的火星探测器，许多人可能马上就会想起“天问一号”，这其实并不准确。实际上，早在2011年11月8日，中国的首个火星探测器“萤火一号”就搭乘俄罗斯的“火卫一土壤号”升空了。可惜，仅仅一天后，俄方就宣布其卫星变轨失败。

幸好，中国在2020年启动了自己的火星探测“天问系列”，所以，首个成功的火星探测器也称为“天问一号”。它已发回了高清火星影像图(包括2幅黑白图像和1幅彩色图像)，并于2021年3月4日由国家航天局向全球公布；同年5月15日，它搭载着中国首辆火星车“祝融号”成功着陆于预定位置;7天后,“祝融号”安全驶离着陆平台,到达火星表面,开始巡视探测,这意味着我国首次火星探测任务取得圆满成功。“天问系列”今后将在继续探测火星的同时,对太阳系中的其他小行星开展多方位探测,努力探寻生命起源和地外生命信息等。

图45 “祝融号”

“天问一号”至少在我国实现了6个“首次”,包括首次实现了地球至火星的转移轨道探测器发射;首次实现了行星际飞行;首次实现了地外行星软着陆;首次实现了地外行星表面巡视探测;首次实现了4亿千米距离的测控通信;首次获取了第一手火星科学数据等。

对普通大众来说,关于“天问一号”的最大新闻事件,可能当数它发回了首批火星影像图。原来,在2021年6月11日,国家航天局在北京公布了“天问一号”探测器着陆火星后由“祝融号”火星车拍摄到的4幅颇具代表性的科学图片,它们分别是着陆点全景图、火星地形地貌图、中国印迹图和着巡合影图,这标志着我国首次火星探测任务取得了圆满成功。

其中的着陆点全景图,是火星车尚未驶离着陆平台时,由火星车桅杆上的导航地形相机通过360°环拍摄取到的图像。图像显示,着陆点附近地势平坦,远处可见火星地平线,地形与预期一致,表明着陆点自主选择和悬停避障的效果良好。

火星地形地貌图,是火星车驶达火星表面后,由导航地形相机拍摄的第一幅地形地貌影像图。

中国印迹图是火星车行驶到着陆平台东偏南60°方向约6米处拍摄的着陆平台影像图。图像显示,着陆平台熠熠生辉,表面地貌细节丰富。

着巡合影图,是火星车行驶至着陆平台南面约10米处,释放安装在车底部的分离相机后,接着火星车退至着陆平台附近,分离相机拍摄的火星车与着陆平台的合影。

中国载人航天工程

神舟系列创奇迹

2022年6月6日11时9分,“神舟十四号”航天员乘组成功开启“天舟四号”货物舱的舱门,在完成环境检测等准备工作后,于12时19分顺利进入“天舟四号”货运飞船。至此,中国载人航天工程的又一次行动取得圆满成功。

中国载人航天工程由航天员系统、空间应用系统、载人飞船系统、运载火箭系统、发射场系统、测控通信系统、着陆场系统、空间实验室系统这八大系统组成,是中国空间科学实验的重大战略工程之一,于1992年正式立项。它按照既定的“三步走”战略依序实施:第一步,发射载人飞船,建成初步配套的试验性载人飞船工程,开展空间应用实验;第二步,在第一艘载人飞船发射成功后,突破载人飞船和空间飞行器的交会对接技术,并利用载人飞船技术改装、发射一个空间实验室,解决有一定规模的、短期有人照料的空间应用问题;第三步,建造载人空间站,解决有较大规模且长期有人照料的空间应用问题。

如今,该工程进展顺利,已完成第一步和第二步的前九次载人飞行任务。

中国为什么要花费巨资来实施载人航天工程呢?概括来说,主要是想满足如下四个方面的需要:一是维护国家安全利益,二是巩固提升大国地位,三是促进人类文明进步,四是推动社会经济发展。

说起中国的载人航天,当然不能忘记劳苦功高的“神舟五号”。它于

2003 年 10 月 15 日，实现了我国首次载人航天飞行。这不但实现了中华民族的千年飞天梦，也树立了中国航天事业的又一座里程碑，更使当时的中国成为继美国和俄罗斯之后世界上第三个独立开展载人航天活动的国家。

"神舟五号"是我国发射的第一艘载人航天飞船，包括推进舱、返回舱、轨道舱和附加段四个部分。它的头部是圆柱体，还留有与空间实验室对接的接口。其返回舱内只有航天员，其空间的平面大约为 2.2 米×2.5 米，可容纳 3 人，但"神舟五号"只搭乘 1 名航天员。返回舱在轨运行 14 圈，历时 21 小时 23 分，然后顺利返回地面，其轨道舱则留轨运行半年。

图 46 "神舟五号"

"神舟五号"载人航天飞行的任务主要是考核载人环境，获取航天员空间生活环境和安全的有关数据，全面考核工程各系统工作性能、可靠性、安全性和系统间的协调性等。此次飞行搭载的主要物品包括：一面具有特殊意义的国旗、一面北京 2008 年奥运会会旗、一面联合国旗帜和来自台湾省的农作物种子等。

其实，在首次载人飞行之前，我国已进行了四次"神舟系列"的无人飞行活动，其中以"神舟一号"最具开创性，因为，它是中国载人航天工程发射的第一艘无人飞船。它于 1999 年 11 月 20 日发射升空，在太空飞行了 21 个小时后顺利降落。这标志着中国航天事业迈出了重要一步，对突破载人航天技术具有重要意义，也是中国航天史上的里程碑。

“神舟一号”飞船包括三个舱——轨道舱，它是今后航天员生活和工作的地方；返回舱，它是飞船的指挥控制中心，也是航天员往返太空的座驾；推进舱，也称动力舱，它为飞船在轨飞行和返回提供能源和动力。飞船三舱总长8米，圆柱段直径2.5米，锥段最大直径2.8米，总质量为7755千克。返回舱采用普通圆伞和着陆缓冲发动机实施软着陆，主伞面积为1200平方米，着陆秒速不大于3.5米。“神舟一号”飞船座舱内还放置了一个高约1.7米的男性模拟人，它其实是一个感应器，用于收集返回舱在太空中的温度、湿度、氧气等各种试验数据。

北斗卫星导航系统

中国版 GPS

2020 年 6 月 23 日,“北斗三号” 全球卫星导航系统的最后一颗组网卫星在西昌卫星发射中心成功点火升空啦！至此,“北斗三号”的核心星座部署全部完成,终于打破了美国全球定位系统 GPS 的垄断。

“北斗三号”由 30 颗卫星组成,其中包括 24 颗中圆地球轨道卫星、3 颗地球静止轨道卫星和 3 颗倾斜地球同步轨道卫星。“北斗三号”可在全球范围内为各类用户提供高精度和高可靠性的定位、导航、授时服务,而且具备短报文通信能力。它的定位精度可达分米、厘米级别,测速精度可达 0.2 米/秒,授时精度可达 10 纳秒。北斗卫星导航系统已广泛应用于交通运输、海洋渔业、水文监测、气象预报、测绘地理信息、森林防火、通信时统、电力调度、救灾减灾、应急搜救等领域,并正逐步渗透到日常生活的方方面面。截至 2022 年底,在全球范围内已有 137 个国家与北斗卫星导航系统签订了合作协议。随着全球组

图 47　北斗卫星导航系统

网的成功，北斗卫星导航系统未来的国际应用领域将会不断扩展。

预计到2035年，我国将在“北斗三号”的基础上，建成更加“泛在、融合、智能”的国家综合定位导航授时体系，构建高精度、高安全、高智能、高弹性、高效益的统一时空信息服务基础设施，并全面覆盖天、空、地、海等。

中国的卫星导航定位系统，起步于仅由运行在赤道上方的2颗同步卫星再加1颗备用卫星组成的“北斗一号”，其第一颗导航卫星于2000年10月31日升空，最后的第三颗卫星于2003年5月25日入轨。从此，我国成为继美国和俄罗斯之后，第三个建立了完善卫星导航系统的国家。

当时的“北斗一号”主要有三个功能：一是重点为国内用户提供全天候的定位服务，快速确定目标或用户的地理位置，并提供导航信息，其定位精度为几十米。二是实现用户与用户、用户与中心控制系统之间的双向短信交流，内容限于40个中文字。三是定时播发授时信息，即每天在一定时间内，用无线电信号报告最精确的时间，授时精度约100纳秒；同时也为用户提供时延修正值，以修正从说话人开始说话到受话人听到内容的时间差。

由于“北斗一号”不受通信信号和空间距离的影响，一台主指挥机进行卫星定位后，可连接多部类似手机的“北斗一号”终端机，终端机可向指定手机发送短信，非常有利于地震区的救援信息传递等。

但因社会的快速发展，“北斗一号”很快就显得落后了，于是，“北斗二号”应运而生。它是由30多颗卫星组成的全球卫星导航系统，其并非“北斗一号”的简单延伸，不但增加了通信功能，还克服了以往的若干缺点，以提供海陆空全方位的全球导航定位服务。其实，“北斗二号”已类似于美国的GPS和欧洲的伽利略定位系统，且在国内与GPS的服务区域基本相同。

2007年4月14日，“北斗二号”的第一颗导航卫星升空；2012年4月30日，第12和13颗北斗卫星由“一箭双星”顺利送入太空；2019年5月

17日,第45颗北斗卫星升空,至此,“北斗二号”圆满收官。

“北斗二号”由5颗静止轨道卫星和30颗非静止轨道卫星,以及多颗备份卫星组成。它既可以提供免费的定位、测速和授时服务,又可以提供定位精度为厘米级、授时精度为50纳秒、测速精度达0.2米每秒的授权服务。或者说,授权服务将向授权用户提供更安全的定位、测速、授时和通信服务,比如,为航天用户提供定位和轨道测定手段,满足武器制导和导航定位信息交换的需求等。

长征系列运载火箭

中国航天的头号功臣

运载火箭是目前人类进入太空的唯一工具，是实现航天器快速部署、重构、扩充和维护的根本保障，是大规模开发和利用太空资源的载体，是国家空间军事力量和军事应用的重要保证，是国民经济发展和新军事变革的重要推动力量。

长征系列运载火箭是我国自行研制的航天运载工具。直到2022年6月5日10时44分“神舟十四号”载人飞船被成功送入太空为止，长征系列已为中国的航天事业服务了半个多世纪，已具备发射高、中、低不同地球轨道和不同类型卫星及载人飞船的能力与无人深空探测能力，整体发射成功率高达96.7%。到目前为止，长征系列运载火箭已走过了五个阶段：第一阶段是基于战略导弹技术的火箭，第二阶段是按照运载火箭技术自身发展规律而研制的火箭，第三阶段是满足商业发射服务的火箭，第四阶段是满足载人航天需要的火箭，第五阶段是适应环保及快速反应需要的火箭。

长征系列火箭已有4代20多种型号，它们几乎个个都是明星，其中尤以“长征一号”“长征六号”“长征八号”最为抢眼。

以“长征一号”为代表的第一代长征系列运载火箭，是钱学森等科学家根据战略武器型号改进而来的，具有明显的战略武器型号特点。它们解决了我国运载火箭从无到有的问题，但其运载能力等总体性能都还偏低，存在维护性差、靶场测试发射周期长等问题，现在它们已光荣退役。

不过，早在1970年4月24日，“长征一号”就顺利完成了我国首颗卫星“东方红一号”的发射任务。

“长征六号”首次亮相于2015年9月20日7时1分，它将多达20颗微型卫星同时成功送入太空，创造了“一箭多星”的亚洲纪录，具有重要的里程碑意义。作为我国新一代运载火箭的首飞箭，“长征六号”的“新”体现在哪里呢？

一是模式新。以往的火箭必须分段运输，再在发射场完成复杂的垂直吊装和测试，而这次却采用了更简捷的水平模式，即水平整体测试、水平整体星箭对接、水平整体运输，然后起竖发射。

二是发动机技术新。比如，它首次采用了最新的高压、无毒、大推力、无污染的发动机，起飞推力达1200千牛顿。

三是电气系统新。“长征六号”将控制、测量、供配电等一起组成全新的电气系统，实现了箭上信息一体化、供配电一体化和地面测、发、控一体化，从而有效提高了火箭指挥系统的先进性、可靠性与适应性。

四是工艺新。“长征六号”在设计中采用了全箭数字化协同研发及一体化总装集成技术，将设计转化为实物，充分展现了“智造”新工艺。

“长征八号”于2020年12月22日闪亮登场，主要发射3~5吨级太阳同步轨道卫星，兼顾近地轨道和地球同步转移轨道发射，填补了我国太

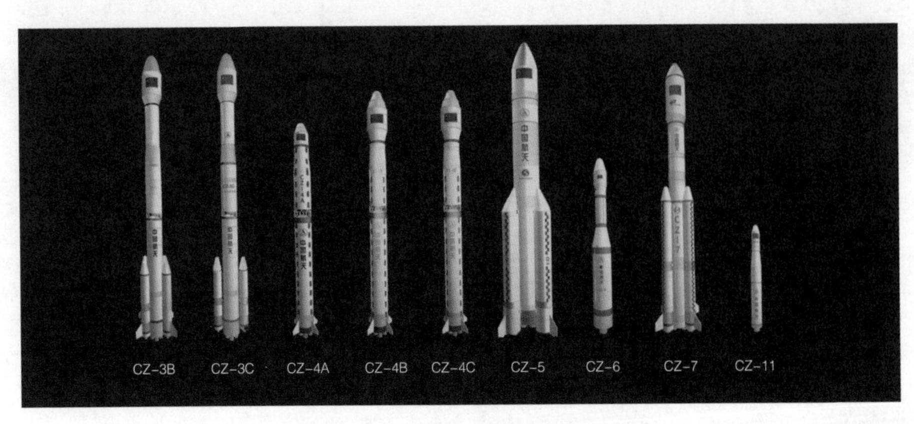

图48 中国长征系列运载火箭

阳同步轨道的运载能力空白。它采用的火箭发动机推进剂是液氢和液氧,燃烧后产生的是水,从而真正实现了无毒无污染的零排放。另外,它还采用了多种可回收式的设计，为今后的火箭回收和重复利用奠定了基础。

“长征八号”是一款性价比高、安全性能好的运载火箭,它将有力带动和牵引中国中低轨道卫星的发展,满足未来中低轨道高密度发射任务需求;同时,它也将成为中国商用火箭的主力军之一,能提供更具国际竞争力的商业卫星发射服务。

天河系列

超级计算机界的皇冠

2018 年 7 月 22 日，被誉为“超级计算机界新皇冠”的我国新一代百亿亿次超级计算机“天河三号”原型机顺利完成研制部署。2019 年 1 月 17 日，该原型机由中国科学院在内的三十余家合作单位完成了大规模并行应用测试，广泛涉及大飞机、航天器、电磁仿真、生物医药、新型发动机、新型反应堆等领域的五十余款大型应用软件。今后，“天河三号”将打造全国性的云计算、大数据、物联网、超级计算和人工智能五大融合平台，为科技创新服务，为新兴产业发展服务。

“天河三号”采用自主 CPU、自主操作系统和自主高速互联通信等全自主模式，它的浮点计算处理能力可达 10 的 18 次方。

图 49 “天河三号”

“天河三号”的技术创新主要体现在四个方面：研发了互连接口芯片等新款芯片，设计了 PCB 电路板等新器件，采用了高速互连等新硬件，改进了并行开发等软件。

其实，“天河三号”只是天河超级计算机系列中的一个新成员而已，因为早在 2008 年，中国科学家就利用自行研发的“龙”芯片，开始了名为“天河一号”的千兆次超级计算机研制工作，并在 2010 年 8 月完成了占地面积近千平方米、总重量达到 150 吨的样机。结果，仅仅在 3 个月后的 2010 年 11 月 14 日，在国际权威组织公布的最新全球超级计算机排行榜中，“天河一号”的排名就位列当时的全球第一，也使中国成为继美国之后世界上第二个能够自主研制千兆次超级计算机的国家。后来，“天河一号”连续多年满负荷运行的事实也表明，它确实已在航天、天气预报和海洋环境模拟等方面发挥了不可替代的重要作用。

后来，为了提升“天河一号”的整体性能和国产化率，科学家们又对“天河一号”进行了全面改进，并在 2013 年 6 月完成了完全由我国自主研制的超级计算机“天河二号”。它以 33.86 千万亿次每秒的浮点运算速度、5.49 亿亿次每秒峰值计算速度、3.39 亿亿次每秒双精度浮点运算的持续计算速度等优势，又成为当时全球最快的超级计算机，并且比第二名快了近一倍。这是继 2010 年“天河一号”首次夺冠后，我国再次登上世界超级计算机排名的榜首。

此外，“天河二号”使用了国产前端处理器，在工艺方面突破了一系列关键核心技术，具有五大特点：一是高性能，其峰值速度和持续速度都创造了新的世界纪录；二是低能耗，其能效比为 19 亿次每瓦特，达到世界先进水平；三是应用广，它以科学工程计算为主，以云计算等新应用为辅；四是易使用，它创新发展了异构融合体系结构，提高了软件兼容性和易编程性；五则是高性价比。

“天河二号”由 170 个机柜组成，占地面积约为 720 平方米，最大运行功耗为17.8 兆瓦，内存总容量为 1400 万亿字节，存储总容量为 12400 万亿字节，相当于存储 6 万亿页图书。总之，与“天河一号”相比，“天河二号”的体积并未增加，甚至还有所减小，但其计算性能和计算密度都提升了十几倍，能效比也提升了2倍，而且其执行相同计算任务的耗电量只有“天河一号”的三分之一。

回顾过去十余年的发展历程，天河系列的实质性进步有目共睹。比如，待到研制“天河三号”时，它已采用了完全自主创新的飞腾CPU、天河高速互联通信和麒麟操作系统。直观说来，“天河三号”与“天河一号”相比，计算能力提升了200倍，存储规模提升了100倍。

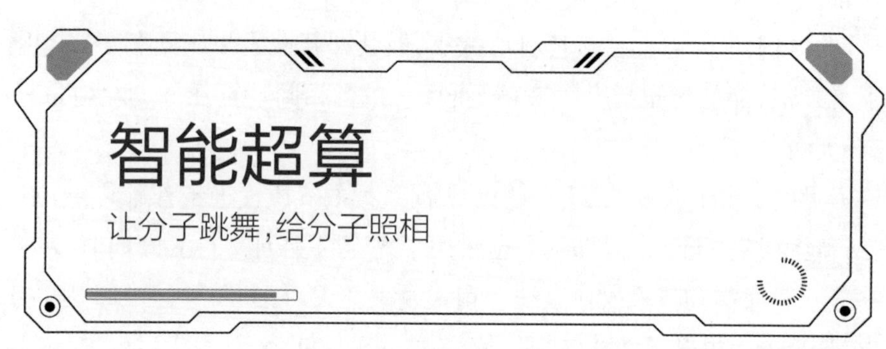

智能超算

让分子跳舞，给分子照相

“2020年中国十大科技进展”之一，就是科学家在智能超算中取得的重大突破，他们将分子动力学的模拟规模提高了五个数量级（即让跳集体舞的分子数量提高了五个数量级），同时还保证了极高的模拟精度，时间尺度也提高了至少1000倍。从物理角度看，这是人类首次真正模拟了大规模的分子运动；从超算角度看，这也是人类首次成功融合了机器学习、科学计算和高性能计算，使得超算更加智能；从科学发展角度看，它开辟了一个全新领域，让计算从传统模式转向智能超算。难怪该成果获得了国际高性能计算应用领域的最高奖——戈登贝尔奖！

什么是分子动力学呢？形象地说，它就是在不考虑量子效应的情况下，假定原子的运动遵从牛顿方程，然后再研究原子运动轨迹的一门新学科。过去若干年来，该学科在原子、分子和晶体结构的研究中取得了巨大成功，但也受到了算力严重不足的制约。即使利用全球最快的超级计算机，也只能同时模拟数千个原子或分子。幸好，中国科学家巧妙地将可模拟的原子数提升到了数亿个，有望在力学、材料和生物等领域引发革命。

中国科学家之所以能取得如此巨大的成就，其主要原因有两个。

原因一，我国的超级计算能力大幅提升。比如，除了前面刚刚介绍过的“天河系列”之外，我国还有许多超算明星，“曙光系列”便是其中之一。其实，早在2004年11月15日，我国自主研制的曙光机就成了当时国内计算能力最强的商品化超级计算机，其每秒峰值运算速度在当时就已高达10万亿次，在性能价格比和性能功耗比等方面均处于国际领先水平。这意味着我国实现了高性能计算机研发与应用的双跨越，也意味着中国已成为继美国和日本之后，成为全球第三个能制造10万亿次商品化高性能计算机的国家。

除了模拟大规模分子运动，高性能计算的水平也是一个国家科研实力的重要标志之一。作为为国民经济建设做出重大贡献的超级计算平台，以曙光机为代表的超级计算机群可广泛应用于各种大规模科学工程计算、商务计算和信息服务等。比如，可以担当汽车碰撞、电磁辐射、石油勘探开发、气象预报和核能开发利用等重任；可以为证券、银行和邮政等提供服务；还可以在各类信息中心和电信交换中心发挥作用等。

图50 超级计算机模拟月球起源

原因二，我国的微观物质研究水平大幅提高，科研工具越来越先进，甚至早就可以直接观察单个分子的内部结构了。2001年1月17日，《自然》杂志报道，中国科学家利用扫描隧道显微镜，将笼状结构的碳60分子组装在了一个单层分子膜的表面上，从而制备出了这样一种新材料——可以使计算器件集成度在已有水平上提高100~1000倍。更重要的是，科学家们还在-268℃时冻结了碳60分子的热振荡，然后在国际上首次成功“拍摄”到了这样一种分子图像——能清晰分辨碳原子间强烈的相互作用力。

形象地说，中国科学家让人类获得了直接观察分子内部结构的“眼睛”，为今后通过“切割”来重新“设置”单分子中各原子间的相互作用力提供了必要手段，进而为人类按需“生产”新的分子和材料奠定了基础。

原来，分子是原子之间通过强烈相互作用力的结合而组成的。若能对化学键“动手术”，就能定向选择化学反应，从而获得人类所需的新物质。而直接“看清”化学键，是进行分子“手术”的前提，这将为纳米器件的制造、为寻找物质新特性等提供有效手段。

第三章

格物致知穷事理

提起物理，许多人都认为很难；提起高能物理或核物理，许多人更认为难上加难；提起量子物理、分子物理、超导或纳米等前沿物理，许多人一定认为那简直就是“难于上青天”。但是，当你认真读完本章后，你将惊讶地发现：天哪，了解它们其实并不是“难于上青天”，而是完全可以“轻松赛神仙”。原来，对任何普通读者来说，只要不试图深究“为什么”，那么，物理成果，哪怕是最新、最前沿的物理成果都不难搞懂它们“是什么”，甚至还可以部分搞清它们“将会怎么样”。当然，我们的最终目的是希望本书能帮助部分读者在今后某天搞清“为什么”。

初看本章的标题，你也许会一头雾水；待到读罢本章各小节的标题后，你也许会明白其大意。当你读完本章的前一半内容时，你也许会豁然开朗：哇！原来世界上还有如此精彩而有趣的物理现象。当你读完本章的后一半内容时，相关的背景故事或许会让你茅塞顿开，理清相关成就的来龙去脉；或许会让你感慨万分，佩服中国科学家的绝顶智慧；或许会让你感到自豪，真心感谢中国科学家在过去十年所做出的巨大贡献。当然，我们更希望年轻的读者朋友能以老一辈中国科学家为榜样，立志今后也成为科学家，为中华民族的复兴和世界文明的进步做出更大贡献。

坦率地说，起初在为本章选题时，我们生怕前沿物理的众多高深成果艰涩难懂，会吓跑许多读者。但待到本章写完后，我们才发现是自己多虑了，原来格物致知还真的可以依靠“吾性自足”。比如，我们甚至因此而觉得，量子力学好像应该成为小学生的必修课，以便让正确的量子思维先入为主，否则待到他们被日常生活的经验“洗脑”后，回头再来理解量子现象时就可能已积重难返了。其实,日常现象只是若干量子现象的综合表现而已,许多本质的东西反而被歪曲了。难怪许多让大人备感震惊的魔术,小孩却无动于衷。

总之，希望本章能启发读者朋友们今后敢于攀登科学最高峰，毕竟“世上无难事,只怕有心人”,毕竟“取乎其上,得乎其中;取乎其中,得乎其下;取乎其下,则无所得矣”。

超导回旋加速器

首次与国际并跑

2020年9月21日,我国自主研制的超导回旋加速器运行成功,质子束能量首次达到230兆电子伏特,每秒钟可将7100万个质子束团加速到光速的约60%,并连续不断地将它们输出。这是继美国和德国联合项目之后,全球第二次研制出此类高能加速器。它标志着我国已进入了与国际并跑行列,已全面掌握了小型化、高剂量超导回旋加速器核心技术。

与国际上的同类装置相比,我国自主研制的超导回旋加速器更具优势。比如,装置的直径缩小了25%,重量降低了50%,其超导磁体电流密度却增加了2倍,静电电场强度和加速器可实现的电场强度都达到最高应用水平。总之,它是目前世界上最紧凑型的质子加速器,具有体积更小、重量更轻、耗能更低、精度更高、能量切换更快等特点。如此高速的连续质子束,不但将推进特殊材料、大功率器件、宇航芯片辐射损伤检验等材料科学和宇航工程的快速发展,也将为空间辐射生物效应、DNA损伤等放射生物学研究提供新的研究条件。

值得一提的是,中国的这套治疗设备更适用于一种名叫"快速增强扫描治疗"的CT扫描技术,从而打破了欧美在小型化精准放疗装备领域的垄断,有望大幅降低高昂的治疗费用。质子治疗是目前最先进的肿瘤放射治疗技术,它用高能粒子破坏癌细胞,乃至消除肿瘤,而对周边正常细胞只产生轻微影响,它对头颈部、眼科、胸部、消化道肿瘤和儿童肿瘤等方面的治疗更具明显优势。可惜,此前我国只有少量的医用加速器,再加上整套设备全为进口，因此成本极高。幸好，这种情况将很快成为历史。

什么是加速器，什么又是回旋加速器呢？所谓加速器就是用人工方法把带电粒子加速到较高能量的装置。它可产生各种能量的电子、质子、氘核、α 粒子以及若干重离子，让这些被加速的带电粒子与物质相互作用，还能产生多种带电或不带电的次级粒子，如 γ 粒子、中子及多种介子、超子、反粒子等。

图 51　超导回旋加速器

加速器主要由四部分构成：其一是用以提供需要加速的带电粒子束的粒子源，比如电子枪、离子源等；其二是用以在真空中产生一定加速电场，使粒子得到加速的真空加速结构，比如加速管、射频加速腔和环形加速室等；其三是导引聚焦系统，它用一定的电磁场引导并约束待加速粒子束，使它沿预定轨道加速，比如回旋加速器就是采用主导磁场，让粒子束在环形轨道上不断回旋加速；其四是束流输运和分析系统，它由电磁场透镜、弯转磁铁和电磁场分析器等构成，用以在粒子源与加速器之间输运并分析带电粒子束。此外，加速器还需要其他束流监测装置、控制装置、真空装置、电气设备等辅助系统。

加速器的应用非常广泛。从学科上说，它是化学、放射医学、固体物理、放射生物学等基础研究的核心工具；从工程上说，它对工业照相、集成电路、疾病诊治、核爆炸模拟、宇宙辐射模拟、半导体材料研制、高纯物质的活化分析、工农业产品的辐射处理等都必不可少。

25兆电子伏连续波超导质子直线加速器

再创世界纪录

2017年6月7日，我国自主研制的25兆电子伏连续波超导质子直线加速器成功运行，创造了当时的世界纪录。2021年3月16日，我国又在超导离子直线加速器的平均束流强度和连续波束流功率两方面，再次创下了新的世界纪录。

图52　25兆电子伏连续波超导质子直线加速器

什么是直线加速器呢？简单来说，就是指被加速粒子的运动轨迹为直线的加速器。当然，加速器和直线加速器绝非如此简单。实际上，带电粒子在电场中会因受到电磁力的作用而加速并提高能量。而电场的存在形式又有三种，即静电场、磁感应电场和交变电磁场。于是，在不同的电场中加速带电粒子的加速器，其原理也就不同，从而就会产生不同的加速器分类。

比如，若考虑加速粒子的种类，则有电子加速器、质子加速器、重离子加速器，以及微粒子团加速器（即对粉末和灰尘等加速的加速器）；若考虑被加速粒子的能量，则有能量小于 100 兆电子伏的低能加速器、能量在 100 兆至 1000 兆电子伏之间的中能加速器、能量超过 1000 兆电子伏的高能加速器；若考虑粒子束流强度，则有束流强度超过 1 毫安的强流加速器、束流强度介于 10 微安和 1 毫安之间的中流加速器、束流强度小于 10 微安的弱流加速器；若考虑加速电场的种类，则有高压型加速器、电磁感应型加速器和高频谐振型加速器；若考虑粒子运动轨道的形状，则有直线加速器、环形或回旋加速器等。

什么是超导质子直线加速器呢？顾名思义，它不仅是质子直线加速器，还是超导直线加速器。下面就来逐一讲解。

先说质子直线加速器。由于质子的质量比电子重 1800 多倍，因此，在同等能量和距离的情况下，质子的速度会远远小于电子，更远小于光速。比如：质子的动能由 1 兆电子伏增加到 1000 兆电子伏时，其速度也仅由光速的 4.6%增加到 87.5%。根据不同的加速目标，质子直线加速器的结构和手段也不相同。比如，若只需将质子的动能由小于 1 兆伏加速到几兆伏，则只需按 20 世纪 70 年代就已知的思路，采用频率为 200~400 兆赫的四级直线接力电场就能实现目标；若要将质子动能从几兆电子伏加速到 150 兆电子伏左右，则可运用一种名叫“漂移管型”的结构，采取四极磁铁接力思路，沿直线加速器的轴线方向，周期性地设置长度随能量渐增的电极；若要将质子动能从 150 兆电子伏加速到更高的能量，则需采用一种名叫“耦合腔”的加速结构，电场频率也需增至 800~1300 兆赫。

再说超导直线加速器。由于此时的电磁转换过程是在超导材料中完成的，而且由于超导材料的功耗很小，因而可用较小的微波功率来建立高达几兆伏/米至 20 兆伏/米的加速电场。当然，此时的加速器主体将置于液氮和液氦逐级冷却的低温容器中，甚至需冷却至 4.2K 或更低的温

度。超导直线加速器具有很多优势，比如，当它被用于150~1000兆电子伏的高能强流质子加速时，不但体积小，而且功耗低，更能大幅降低放射性污染。

总之，加速器的理想目标就是，既要将更多的质子束加速到更高的能量状态，又要连续且稳定地提供这种质子束。而中国科学家早在2017年就巧妙地使用超导质子直线加速器，率先使质子束流能量大于25兆电子伏，并使连续束流强度超过150微安。

100兆电子伏质子回旋加速器

填补我国历史空白

2014年7月4日,我国自主研发的100兆电子伏质子回旋加速器首次出束,这标志着我国自行研制的高能质子回旋加速器终于诞生了,填补了我国在这一技术领域的重大空白。该加速器突破了当时的国际惯例,使我国成为全球少数几个拥有新型加速器的国家。

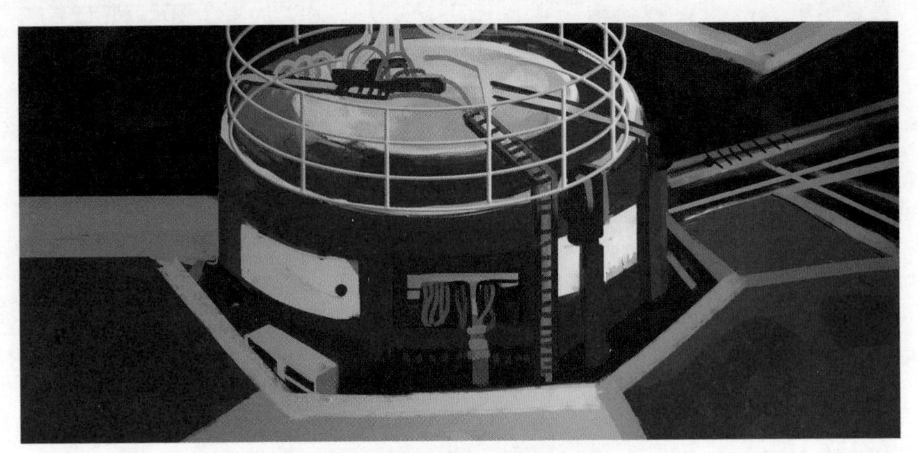

图53 100兆电子伏质子回旋加速器

客观地说,若仅从技术上看,本项成果还远不如前面刚刚介绍过的230兆电子伏超导回旋加速器和25兆电子伏连续波超导质子直线加速器。但是,若从历史价值上看,本项成果充分展示了我国加速器事业艰难而辉煌的历程。因此,接下来将介绍被诺贝尔物理学奖得主李政道称为“中国加速器物理第一人”的谢家麟教授,讲一讲他为粒子加速器事业躬耕一生的故事。

谢家麟,1920年8月生于哈尔滨,初中毕业后来到以物理教学而闻名的北京汇文中学求学。果然,这里不但实验设备齐全,物理老师更是出类拔萃,竟能用纯正的英文把物理知识讲得深入浅出、条理分明,让大家很快就爱上了物理。其实,当时的谢家麟并不算优等生,除了物理外,其他科目的成绩都很不稳定。他在业余时间沉迷于摆弄各种无线电收音机。1937年卢沟桥事变后,他自制的收音机竟成了全家了解战况的唯一渠道。

1938年,谢家麟被保送到北京大学物理系。当时,北京已被日本占领,老百姓经常遭到日本宪兵的殴打或搜身。这让谢家麟深感屈辱,于是他下定决心强国图存。抗战期间,谢家麟与西南联大的其他师生一样,吃尽了“弱国就要挨打”的苦头。于是,抗战刚胜利,在大儿子才满4个月时,谢家麟就毅然决定赴美留学。仅用了9个月,他就获得了加州理工学院的硕士学位,著名物理学家、诺贝尔奖得主密立根教授将他推荐到了斯坦福大学继续深造。后来,他在这里又创下了连续两年排名第一的纪录。

新中国刚成立,谢家麟就迫切地想要回国效力。他一边与当时的中国科学院秘书长钱三强积极联系,一边大量采购国内急需的科研设备和器材。可哪知,由于这些东西太过敏感,结果他连人带物都被美国联邦调查局扣了下来。

无奈的谢家麟只好重返斯坦福大学,并在那里开始了医用电子直线加速器的研制工作。经过了几年的攻关,谢家麟领导的团队于1955年初成功造出了全球第一台能治疗深度肿瘤的高能电子加速器,在美国高能物理界引起了不小的轰动。面对国际上如潮的好评,谢家麟心中仍然只记挂着两个字:回国!

后来,经过多方努力,谢家麟终于如愿以偿回国了。本来他雄心勃勃地想为祖国研制出亚洲第一台电子直线加速器,可哪知,当时的中国不但科研基础薄弱,还备受美国等科研大国的高科技封锁。在这种困境下,谢家麟喊出了那句至今还响亮在中国加速器界的口号:若要吃馒头,就得从种小麦开始!

回国八年后,谢家麟总算造出了中国第一台电子直线加速器。它不但跨越式地赶上了国际水平,还生逢其时地满足了当时的国防需要,成功地模拟了核爆炸过程,更为后来建设北京正负电子对撞机奠定了人才和技术基础。

2016 年 2 月 20 日,也就是在 100 兆电子伏质子回旋加速器诞生两年后,谢家麟院士安然去世。为了纪念他的卓越贡献,国际天文联合会将一颗编号为 32928 号的小行星命名为“谢家麟星”,国际粒子加速终身成就奖也被命名为“谢家麟奖”。

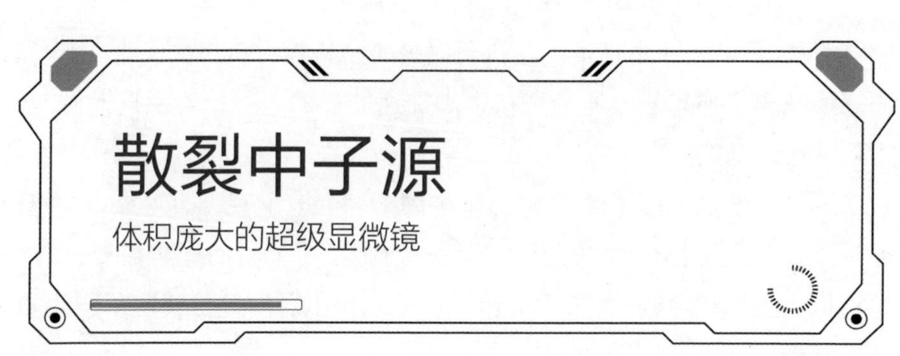

散裂中子源

体积庞大的超级显微镜

2018年8月23日，历经6年多的紧张建设，综合性能达国际先进水平的中国散裂中子源终于投入运行啦！这标志着我国已成为继英国、美国、日本之后，第四个拥有该设备的国家。

散裂中子源是如何产生中子的呢?从原理上说，当一个中等能量的质子打到重核上后，会导致重核不稳定并“蒸发”出20~30个中子。于是，当重核被“裂开”并向四面八方“发散”出众多中子时，就大大提高了中子的产生效率。按这种原理产生中子的装置，就称为散裂中子源。

中国的散裂中子源深藏在地下13~18米处，占地足有40个足球场大，仅仅是安装加速器的隧道就有600多米长。它的主要工作原理是：首先，通过离子源产生负氢离子，利用一系列直线加速器将负氢离子加速到80兆电子伏；接着，再将负氢离子剥离成质子并注入一台快循环同步加速器中，将质子束流加速到1.6吉电子伏或大约0.9倍的光速；然后，再引导加速后的质子去打击钨靶，并在靶上发生散裂反应产生中子；最后，这些中子经过慢化处理后被引向中子谱仪，供用户开展实验研究。

散裂中子源到底有什么作用呢？形象地说，它就像一个体积庞大的“超级显微镜”，是当今人类用于科研工作的“超级透视眼”。物质是由分子组成的，分子是由原子组成的，原子是由原子核和电子组成的，而原子核又是由质子和中子组成的。由于中子很小且不带电，当它与物质的原子核相互作用时，有些中子就会直接穿过物质，有些则会像弹珠一样打在原子核上，使飞行方向偏离，所以中子具有很强的穿透力，甚至能穿透原子核和电子之间占据绝大部分体积的空间。因此，若将一束足够多的中子射向一种材料，中子就能穿透材料的原子，并在不伤害其实体的前提下，“探测”到材料的微观结构和内部运动规律。它的工作原理就像滤网喷印一样，只要喷漆足够细，滤网的结构就能通过穿透网眼的油漆描绘在墙上。

图 54 散裂中子源

这个“超级显微镜”的用处可多啦！比如：它能帮助人类探索蛋白质结构，给航空航天等核心部件做“体检”；能模拟深海环境，摸清可燃冰在压力释放过程中的内部变化等。总之，它将为我国的材料科学、生命科学、环境科学、纳米科学等基础研究提供非常重要的研究条件，同时也为我国相关高科技领域的众多卡脖子技术提供非常重要的研究工具。

中国科学家之所以能够在散裂中子源这样的高能物理领域不断取得重大进展，主要原因是我们有优秀的人才和充分的技术积累。比如，早在1990 年，我国就建成了北京正负电子对撞机，并在 2008 年 7 月 19 日将它升级为当时的“世界八大高能加速器之一”。该对撞机是我国第一台高能加速器，它的外形像一副羽毛球拍，其性能数据远远超出当时全球同一能量区域中其他加速器曾创下的世界纪录的 4 倍，它包括长 202 米的

直线加速器、输运线、周长240米的圆形加速器，以及高6米、重500吨的北京谱仪和同步辐射实验装置等。

所谓电子对撞机，就是一个使正负电子产生对撞的设备。它将质子和电子等各种粒子加速到极高的能量，然后使粒子轰击一个固定靶标。科学家通过研究高能粒子与靶标中粒子碰撞时产生的反应来发现新粒子或新现象。若只是轰击静止靶标，碰撞的威力还不够巨大；若能使靶标也相向高速迎面而来，碰撞的威力就会成倍增加，这便是电子对撞机的原理。

四夸克物质

新态宇宙粒子

2013 年 12 月 30 日，美国物理学会的《物理》杂志公布了“2013 年国际物理领域重要成果清单”，以表彰真正在物理学界内外引起轰动的成果，即网络影响力大、出人意料程度高、导致更先进技术的可能性大的成果。由中国科学家发现的四夸克物质榜上有名，位列第十一。《物理》杂志给出的入选理由是：以前的实验都表明，基本粒子一般由两个或三个夸克组成，而借助高能正负电子对撞机，中国科学家却发现了一些神秘粒子，这些粒子竟含有四个夸克。

什么是夸克呢？夸克是一种参与强相互作用的基本粒子，也是构成物质的基本单元，还是唯一能经受全部四种基本相互作用（电磁、引力、强相互作用力及弱相互作用力）的粒子，更是目前已知唯一的基本电荷为非整数的粒子。夸克之间会相互结合，形成一种复合粒子——强子。比如，质子和中子就是最稳定的强子，它们是构成原子核的基本单元。但非常奇怪的是，夸克既不能被直接观测到，也不能被分离出来，只能被封闭在强子里。因此，有关夸克的信息几乎都

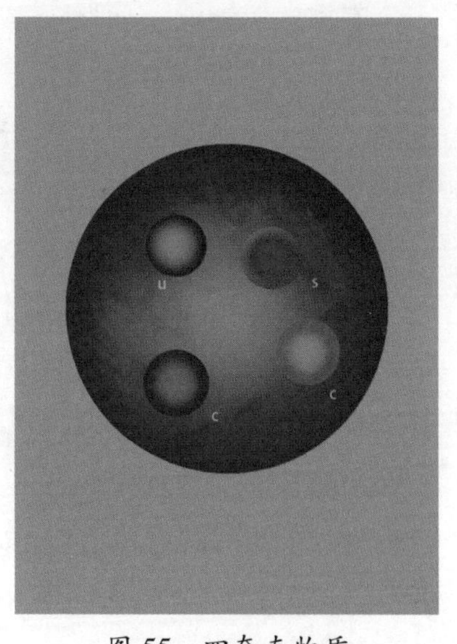

图 55　四夸克物质

来自对强子的间接观测。

为什么说中国科学家的这项发现很重要呢?原来,在此之前人们发现的所有粒子,要么是由三个夸克组成的,要么是由两个夸克组成的。比如,质子是由两个上夸克和一个下夸克组成的,中子是由两个下夸克和一个上夸克组成的,而介子是由一个正夸克和一个反夸克构成的。那么,是否还有由四个夸克组成的粒子呢？为了回答这个问题,全球科学家进行了长期艰苦的探索。这次由中国科学家取得的重大发现,极有可能是人类长期以来一直在苦苦寻找的介子分子态或四夸克态。国际物理学界对该发现给予了高度评价。《自然》杂志为此发表了专文,强调"若找到一个四夸克构成的粒子,将意味着宇宙中存在奇特态物质"。《物理评论快报》也发表了专题评论,指出"若四夸克的解释得到确认,粒子家族中就要加入新成员,人类对夸克物质的研究就要扩展到新领域。"

一石激起千层浪，中国科学家的这项成果很快就在全球掀起了新奇态物质研究的高潮。仅仅在两年后的2015年,欧洲核子研究中心的大型强子对撞机就发现了五夸克粒子，结果又引起了全球轰动，相应成果入选了英国《物理世界》杂志年度物理学领域"十大突破"和美国《物理》杂志年度物理学领域"八项重要成果"。2019年,科学家再次宣布找到了确定的五夸克态Pc(4312)。紧接着,全球物理界捷报频传:2020年7月初,发现了由4个粲夸克组成的新粒子X(6900);2021年8月,发现了一种更神奇的粒子Tcc+,它包含2个夸克和2个反夸克,它既是迄今为止发现的寿命最长的奇异粒子,也是首个包含2个重夸克和2个轻反夸克的粒子。

其实,中国科学家在利用对撞机研究基本粒子方面,本来就有良好的基础。早在2001年9月,他们就在新核素合成方面取得了重要突破——首次合成了质量数(质子数+中子数)为259的超重新核素,或者说,合成了锕系的另一个含有170个中子的新核素,这就使我国的新核素合成和研究进入了当时的世界前列。如今,中国科学家掀起的这波奇异物质研究的浪潮还在继续汹涌,而且还大有越来越热闹的趋势,但愿今后将出现更多的新成果。

“华龙一号”

突破第三代核电技术

2020 年 11 月 27 日，我国具有完全自主知识产权，自己设计、自己制造、自己生产的第三代压水堆核电创新成果“华龙一号”首次在全球成功并网！2021 年 1 月 30 日，全球首台“华龙一号”核电机组成功投入了商业运行。这是中国核电创新的重大成就，从此，中国打破了国外核电技术的垄断，亮出了中国核电走向世界的“国家名片”。

“华龙一号”集先进性和成熟性于一身，设置了完善的事故预防和缓解措施。它不仅可以抵御 17 级台风，还可以应对 9 级强度的地震，安全指标和技术性能达到了国际第三代核电技术的先进水平。“华龙一号”的发电量也十分惊人，只需其中 9 台机组就能抵得上整个三峡水电站的年发电量，相当于每年少消耗 624 万吨标准煤、少排放 1632 万吨二氧化碳，或相当于植树造林 1.4 亿棵。总之，“华龙一号”填补了我国核电技术领域的若干关键空白，具备了核电领域的国际竞争优势。

为了安全有效地用好核技术，我国科学家数十年如一日，呕心沥血，在设计、制造、建设和运行各种可控核设施方面进行了全方位的摸索。一方面，在核裂变应用方面，研制出了“华龙一号”这样的百万千瓦级压水堆核电先进技术；另一方面，提前布局，在可控核聚变方面，特别是在全超导托卡马克核聚变实验装置的研制方面，取得了不少可喜成就。须知，可控热核聚变研究是综合性重大基础理论研究，是 21 世纪下半叶人类能源的希望所在。

图 56 "华龙一号"核电机组

早在2003年4月2日,我国科学家就在可控核聚变的最关键设备的研制方面获得了重大突破，达到的最高电子温度超过5000万摄氏度,实现了超过1分钟的等离子体放电,最长放电时间甚至达到63.95秒。这是当时仅次于法国的全球第二个能产生分钟量级的高温等离子体的实验设备,而且其高约束等离子体存在时间保持了世界领先地位。上述研究的原创性成果非常突出,比如,在边界湍流研究中,首次找到了影响等离子体约束和输运的带状流存在性的直接证据。

中国的这次成果到底有什么价值呢? 热核聚变的本质类似于太阳的发光和发热。在上亿摄氏度的高温条件下,氘、氚等原子发生核反应。其中的关键设备是全超导托卡马克核聚变实验装置,它利用巨大环形超导磁场,对等离子体进行加热、约束,从而创造出可以控制的、产生聚变的物理条件。

2006年9月28日，我国科学家又自主设计和研制出了全球首个全超导托卡马克核聚变实验装置(简称EAST),并在首次放电实验中,就成功获得了电流大于200千安、时间接近3秒的高温等离子体放电。这表明全球新一代此类装置已在中国首先建成并正式投入运行。

EAST的目标是要通过实验,为将来建造稳态、高效、安全的新型聚变反应堆提供重要的工程技术和物理基础。该装置集全超导和非圆截面两大特点于一身，同时又具有主动冷却结构。它能产生稳态的、具有先进运行模式的等离子体，当时国际上尚无成功建造的先例。

EAST的等离子体放电持续时间设计值是1000秒，温度超过1亿摄氏度。直到2021年，这些目标均已达到。无论是从人才培养，还是奠定工程技术及物理基础的角度来说，EAST的引领性都不可替代，它将为人类开发和最终使用核聚变做出重要贡献，因此受到了全球核聚变界的高度重视。

核技术处理工业废水

给废物做放疗

一提起辐射，大家就会害怕。想想看，在我们的日常生活中，“辐射”仿佛经常被误用成贬义词。一会儿张三说“手机的电磁辐射会杀死脑细胞，让人变傻”，其实一部手机的电磁辐射值只有0.03~0.7微瓦；一会儿李四惊呼“孕妇要远离通信基站，否则会影响胎儿发育”，其实一个基站的电磁辐射值仅为10微瓦；楼顶安装的天线或从小区穿过的高压电线等也经常引起居民抗议，因为大家都担心辐射会损伤人体；甚至各种媒体也经常呼吁减少电磁污染，更让电磁辐射成了过街老鼠。诚然，当电磁辐射的强度超过一定值后，它确实会产生负面效应，引起病变，甚至伤及生命。但是，若被辐射的对象不是生物，而是用其他办法几乎无法降解的工业污水时，情况将会怎么样呢？

一提起放疗，大家就会恐惧。想想看，颇具杀伤力的α射线、β射线和γ射线等放射性同位素射线，或电子射线、质子束等，瞄准人体某个部位就是一通“疯狂扫射”。虽然许多肿瘤细胞都被杀死，但毕竟是“杀敌一千，自损八百”，大量健康细胞也在劫难逃，使患者大伤元气。然而，目前对许多恶性肿瘤来说，放疗已经成为主要的医治手段，大约70%的癌症患者都得依靠放疗，甚至约有40%的癌症可以用放疗根治。但是，如果被“疯狂扫射”的对象不是人体，而是污水，情况又会怎么样呢？

一提起核技术，许多人立即就会想到原子弹等核武器。即使是核能专家，在面对核反应堆和核燃烧时，首先考虑的也是安全问题，即如何有效防止核事故；即使是在核医学或核农学等领域，大家虽然知道核技术的确能造福人类，但谁也不敢与它们过于亲密。但是，如果只是借用核技术的思路，而并不真正触及高能核辐射时，情况又会怎么样呢?

面对上述“三问”，中国科学家给出了完全意外的答案！原来，在 2017 年 11 月 22 日，我国自主开发出了中国首创、世界领先的电子束处理工业废水技术，解决了工业废水处理这一全球性难题。这标志着我国科学家又创造了一个世界奇迹。

核技术处理污水的原理是什么呢? 其实原理很直观——与大家常见的日光灯工作原理类似，即利用高压电场加速的电子束去照射污水，使水中分解生成的强氧化物质与污染物、细菌等相互作用，从而达到氧化分解和消毒的效果。该技术推广后，将在印染、造纸、化工、制药及工业园区的废水处理中扮演重要角色，大幅提高我国工业废水的治理水平。若再与生物技术深度结合，将使废水处理的成本更低，净化程度更高，甚至实现废水的高标准排放或复用。今后，该技术还可用于处理医疗废水和焚烧垃圾所产生的二噁英等有害物质。

图 57　核技术处理工业废水

这种处理污水的核技术安全吗? 事实上，该技术虽属核技术应用范畴，但它并不使用任何放射性元素，而是用高压电场来产生电子束，所以断电后就再也不会产生任何辐射了。被处理后的废水也没有放射性，更不会对环境产生任何影响。另外,处理污水的电子加速器具有特别的安保功能,以确保在意外状况下可以及时而快速地断电。

这种核技术处理污水的优点是什么呢?其优点有很多,简单来说至少有以下几点:处理污水的效率高,处理后的水质稳定,设备的可控性好,可以针对不同的污水灵活设置不同的电子辐射强度等。

“祖冲之号”

超导量子计算原型机

2021年5月8日,全球最大的超导量子原型机“祖冲之号”在中国诞生,它可操纵的超导量子比特多达62个,是全球超导量子比特数最多的量子计算原型机。在此基础上,“祖冲之号”还成功实现了可编程的二维量子行走。它让中国的科研团队终于跻身量子科技领域第一梯队,使我国有机会、有基础、有能力全面参与即将到来的量子技术革命。

什么是量子计算机呢?量子计算机与大家熟悉的电脑差别很大,在计算形式上也完全不同。普通电脑通过电路的开和关来进行计算,而量子计算机则以量子的状态作为计算形式。目前量子计算机使用的主要是原子、光子等物理系统,不同类型的量子计算机使用的是不同的粒子。

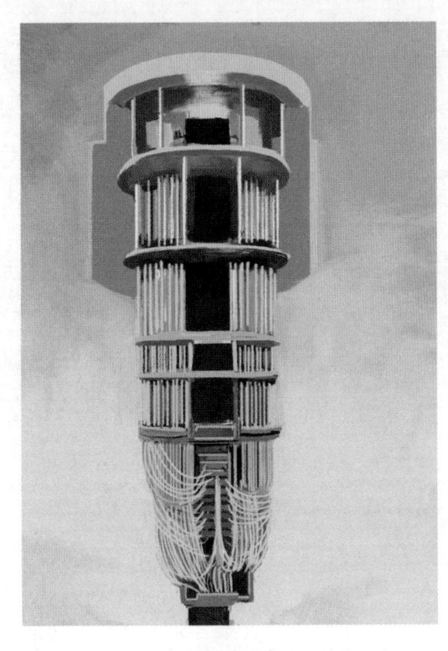

图58 超导量子计算原型机——“祖冲之号”

量子比特数意味着什么呢?量子比特数越多,意味着相应量子计算机的可编程能力和运算能力越强。比如,目前的量子计算机原型机所能实现的计算主要是"二维量子随机行走",即在棋盘格子中随机走动。而我国的"祖冲之号"能在最大的62个格子的棋盘上实现通用量子计算。

我国的超导量子计算原型机之所以被称为"祖冲之号",其用意当然是以此来纪念中国古代伟大的科学家祖冲之。说起"祖冲之"这个名字,几乎无人不知、无人不晓,甚至有人能脱口而出他那著名的"祖冲之圆周率",即π等于3.1415926……过去4000多年来,大家为什么都要前赴后继地求解圆周率呢?

圆周率是一个无理数,换句话说,若想用小数形式来表示它,那将会永无止境。那么,人类为什么要"明知不可为而为之"呢?其实,这是以求解圆周率为口号,设置一个"擂台",吸引数学家们前来"攻擂",以达到开发数学研究新领域的目的。另外,圆周率在计算圆面积、天文周期和日历时差等数值时都必不可少,而且所用π值越精确,最后的结果也会越准确。

关于祖冲之,除了圆周率他还有一项代表性成果——《大明历》。其实,前者只是手段,后者才是目的。因为只有更加精确的圆周率,才能给出更加准确的历法。事实上,祖冲之创制的《大明历》确实是当时最先进的历法,它采用的朔望月长度为29.5309日,与现代值相差不到一秒钟;它的回归年长度是365.24281481日,与现代值的年长度差仅为万分之六日左右,也就是说一年只差50多秒。

许多人可能还不知道,除了在数学和天文学领域的成就之外,祖冲之还写过一部小说——《述异记》,并著有《释论语》《释孝经》《老子义》《庄子义》等,因此他也是一位国学家。此外,他还是设计制造专家、音律家、训诂专家,甚至还是棋坛高手呢!

量子纠缠速度下限

超过光速上万倍

一提起量子纠缠，大家也许会一头雾水。不过，这很正常，因为连爱因斯坦这样的天才也理解不了量子纠缠，甚至将它贬称为“鬼魅般的超距作用”。用老百姓的话来说，量子纠缠就像是所谓的“心灵感应”或“鬼使神差”。是呀，你看，两个光子、电子或别的什么量子，只要它们曾经发生过相互作用，比如，曾经发生过碰撞等，那么，即使它们后来已经彼此分离，甚至已经天各一方，相隔亿万光年，但它们仍像是在一起一样，只要其中一个量子发生变化，另一个也将立即发生变化。这便是所谓的量子纠缠现象。

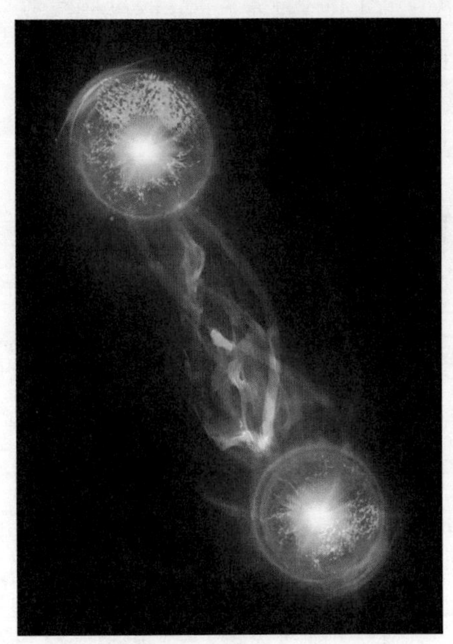

图 59 量子纠缠示意图

面对违背常理的量子纠缠现象，任何一位学过牛顿运动定律的人都会想到一个问题，那就是：两个处于纠缠状态的量子，如果它们相距足够远，那么，当一个量子发生变化时，这种变化将以何种速度传递给另一个量子？而这个问题的答案被中国科学家找到了。2013 年 7 月，国际权威学术刊物《物理评论快报》报道，中国科学家在国际上首次成功测出了量子纠缠的速度下限，它竟然超过了光速的1万倍。这一成果标志着我国在量子物理实验领域已处于国际领先地位，为未来的大尺度量子理论基础检验奠定了基础。

面对超过1万倍光速这个答案，有些人可能会提出另一个问题：相对论不是说任何物质、能量和信息的传播速度都不可能超过光速吗？这显然是一个很诡异的事情！事实上，在量子纠缠过程中，并没有传递什么物质或能量，所以，只要能证明它也没传递信息的话，那么，这个答案其实就没有违反相对论，因为它们说的压根就不是同一回事。准确地说，在量子世界中，根本就没有牛顿运动定律中的"速度"可言。回忆一下，"速度"的标准定义是"物体匀速直线运动时，轨迹长度除以运动时间就是速度"。但是，在量子世界中根本就不存在"轨迹"的概念，或者说，量子在从一个地方到另一个地方的过程中，并不会留下一条连续不断的运动轨迹，而是充满了随机跳跃。

在量子纠缠过程中，真的没有传递任何信息吗？虽然我们能够通过测量身边那个量子的状态而确定远方那个量子的状态，但是，这是测量者自己传播给自己的信息，该信息并未被传给对方，除非测量者再采用其他方法把该信息传给对方，此时的传信速度显然就不会超过光速了。例如，有这样一对纠缠光子，其中一个若是水平偏振的，则另一个必定是垂直偏振的。后来，这对纠缠光子彼此分离了，一个留在地球上，另一个被带到了遥远的外星球。若地球人测量身边的那个光子后，发现它是水平偏振的，那么外星人再测量另一个纠缠光子，它一定就是垂直偏振的。但外星人并未因此而获得任何信息，他根本不知道地球人是否已经测量过另一个光子了，因为，他甚至都不知道他的测量结果是刚好测出了"垂直偏振"，还是地球人测出了"水平偏振"后给他留下的"垂直偏振"状态。因此，在量子纠缠的过程中并没有传递任何信息。

当然，量子世界的怪事还远远不止量子纠缠，难怪量子力学界有这样一种说法：若谁说他搞懂了量子力学，那就说明他还没懂！

化学反应中的量子干涉现象

瓶瓶罐罐下岗了

2020 年 6 月 3 日,《科学》杂志报道我国科学家首次观测到了化学反应中的一种量子现象，从而解决了一个国际上的极具挑战性的重要问题。具体说来,人们虽然猜测化学反应中伴随着许多复杂的量子现象,但始终无法直接观察到它们,也就很难深刻理解化学反应的本质,而中国科学家的本项成果则让人类大开眼界,也实现了量子化学领域的又一重大突破。

实际上，许多人对化学反应的理解都相当粗浅,只把它当成半经验的科学活动，甚至一提起化学反应马上就会想起各种瓶瓶罐罐。但化学反应的本质其实是微观粒子的碰撞，并伴随着化学键的断裂和生成。因此在化学反应中,量子现象应该普遍存在。但若要准确理解这些量子现象的根源却非常困难,因为量子现象很容易被掩盖,实验中更难精确分辨出各种量子现象的特征。今后若能直接观察相关化学反应的主要量子现象,那么,

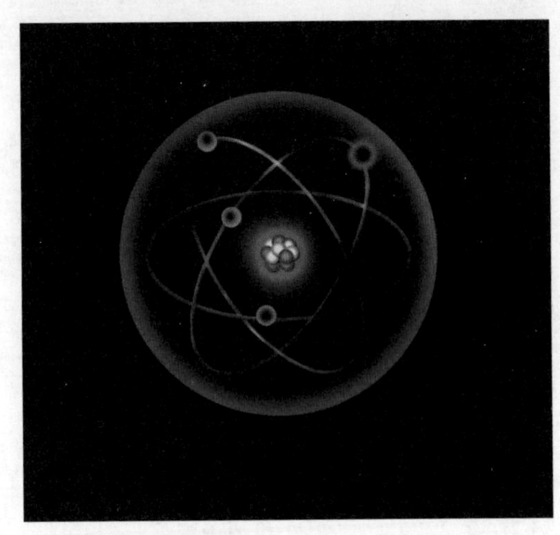

图 60　微观粒子

微观层面的化学反应过程，也许就可转化成求解量子力学中的薛定谔方程了。

说起中国的量子化学，就不能不提及被誉为“中国量子化学之父”的唐敖庆教授。这位1915年生于江苏的贫寒之士，虽然从小就成绩优异，但学业总是时断时续。幸好在1936年，他以优异的成绩考取了北京大学化学系，师从我国化学学科奠基人曾昭抡教授。

“七七”事变爆发后，唐敖庆与北大许多师生一样，被迫随校南迁至昆明，在西南联大化学系继续学习。由于常年在昏暗的油灯下夜战，他那本来就厚重的眼镜片上又增加了一圈圈螺纹，让人看了就头晕。他自己更头晕，即使坐在第一排，也看不清板书，只好更加刻苦，将复杂的化学符号和公式等印在脑海中。结果，他的成绩竟然遥遥领先，让同学们羡慕、嫉妒但不恨。

1940年毕业后，唐敖庆留校任教并开始研究量子力学。由于表现优异，1946年他被推荐到哥伦比亚大学化学系深造，三年后顺利获得博士学位。之后，他迫不及待地回到了祖国，成为北大化学系教授。

为了响应国家号召，唐敖庆于1952年主动请缨来到吉林大学创立化学系，从此便在这里扎下了根。当时的条件之艰苦，简直难以想象。化学系挤在一个旧楼里，30多位老师在昏暗狭小的办公室工作，至于实验设备和仪器等必需品嘛，那就更像是“小孩过家家”——化学实验台由转业后的卖肉案板充当，形状各异的酒精灯则由废旧墨水瓶改装而成。

生活虽苦，但唐敖庆感到很幸福，毕竟，他的天才能力得到了充分发挥。在教学方面，他一人就主讲了十几门课，周学时高达16个小时，而且，他的讲座深入浅出，就连其他专业的学生也都听得津津有味；在科研方面，他不但开创了中国的量子化学，还取得了众多举世公认的成果；在人才培养方面，至今国内理论化学界的许多骨干都是他的徒子徒孙，其中至少已有10人成为院士。

在工作上，唐敖庆一丝不苟；在生活上，他衣着简朴，为人随和。他几乎从不动用单位的专车，即使是给亲朋好友写信用的纸张和信封，他也会自己购买，从不占公家便宜；可在捐资助学方面，他却出手大方，直接将刚获得的巨额科技奖金转手就捐给了相关大学，用以奖励品学兼优的学生。

2008年7月15日，唐敖庆安然去世。为了缅怀其丰功伟绩，相关单位以他的名字设立了研究所、科研大楼和英才班等。

首次发现铁磁量子临界点

绝对零度的新奇迹

当温度变化时，许多物质的形态（或“相”）都会发生天翻地覆的变化，这在学术界称为“相变”。比如，众所周知，水在常温下是液态，达到100摄氏度时会变成气态，因此，100摄氏度便是水的临界点，准确地说是水的气态临界点；当温度达到零摄氏度时，水又会变为固态，因此，零摄氏度也是水的一个临界点，准确地说是水的固态临界点。

相变是很普遍的物理过程，在相变中必然伴有热量的吸入或放出。物质的气态、液态和固态三种状态的主要区别，体现在它们的分子间距离、分子间相互作用力和热运动方式的不同上。因此，在适当条件下，由放热或吸热引发的从量变到质变的转换，将最终从质上导致物体的相变。一般说来，物质从固态转变为液态时，会不断吸收热量，温度逐渐升高；当温度高到熔点时，若继续供热，固态就开始发生质变，先是固态和液态并存，接着便是完全熔解转换为液态。此时，固体的熔点便是其临界点。

物体的“相”当然不只限于外观上，还有诸如导电性和磁性等内在的“相”。这些“相”的突变会发生在不同的温度点，或称为相变临界点。

最神奇的临界点常常会出现在绝对零度附近！虽然无法达到绝对零度，但当温度接近绝对零度时，将发生很多奇异的现象，其中最著名的便是超导现象，即某些导体的电阻会在低温下突然消失，从而成为超导体。电流通过超导体时不会发生热损耗，可以毫无阻力地在导线中形成强大的电流，从而产生超强磁场。比如，金属汞在温度降至其临界点4.2开尔文附近时，就会进入一种新状态，其电阻小到几乎测不出来，从而变成一种超导体。

除导电性这种“相”之外，磁性也是另一种很重要的“相”，它也会随着温度的变化在临界点处发生突变。比如，早在一百多年前，居里夫人的丈夫就发现：当磁石被加热到一定温度时，磁性会突然消失。后来，人们又发现，铁磁物质被磁化后将具有很强的磁性，但随着温度升高到某个临界点时，铁磁物质的磁性会突然消失，即发生了相变。

如果与上述升温情况相反，人们自然会追问：在不断降温并最终低至绝对零度附近时，铁磁体的磁性是否也会发生相变呢？根据量子力学中的海森堡不确定性原理，科学家从理论上肯定了这种可能性，并将这种相变称为量子相变。而且，全球科学家通过数十年的努力，确实已在许多材料体系中观察到了这种量子相变，并找到了相关的临界点。

但非常诡异的是，人们始终未能找到铁磁量子临界点，甚至连它的踪迹都没发现过。于是，寻找铁磁量子临界点便成了全球关注的重点课题。

非常可喜的是，经过十余年的努力，中国科学家终于在 2020 年 3 月 5 日的《自然》杂志上宣布：首次发现了铁磁量子临界点，并观察到奇异金属行为，即当温度趋于绝对零度时，低温电阻随温度线性变化，比热系数随温度对数发散。至此，过去人们一直深感迷茫的难题，现在终于找到答

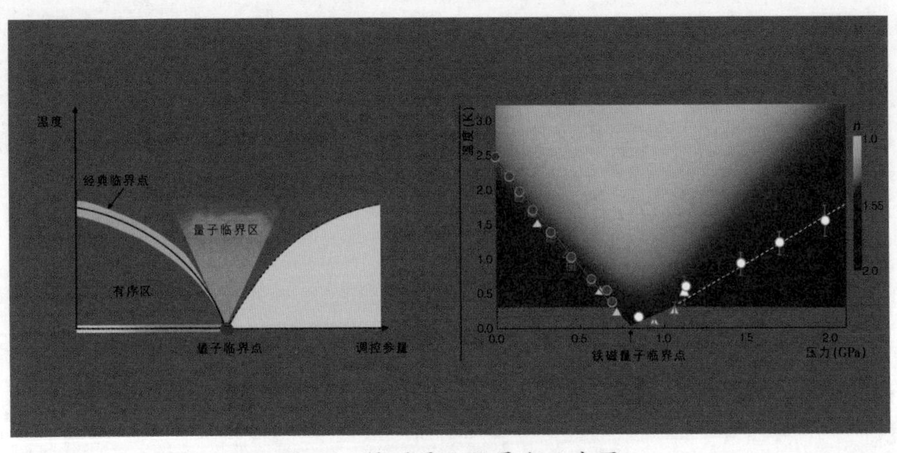

图 61　铁磁量子临界点示意图

案了。

中国科学家的这项成果具有重要的科学价值。它不但打破了以往“铁磁量子临界点不存在”的传统观念，还将在铜基高温超导和反铁磁重费米子材料中观察到的奇异金属行为延伸到铁磁体系中，从而为量子相变研究开辟了新方向，有助于揭示奇异金属行为的共同起源。

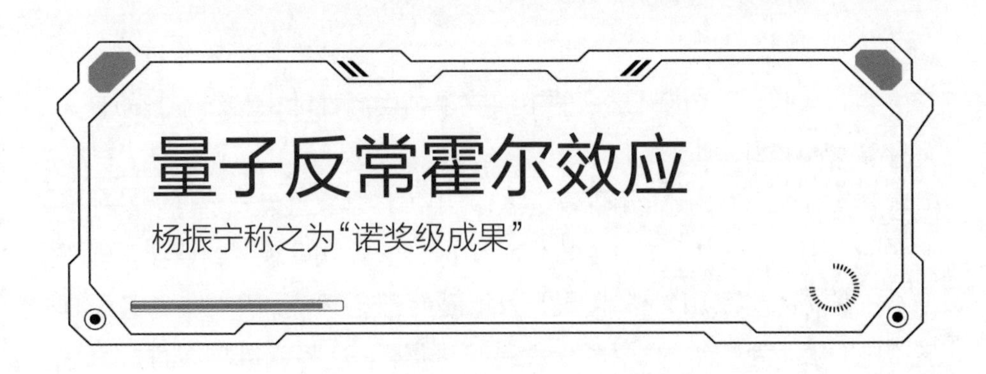

量子反常霍尔效应

杨振宁称之为“诺奖级成果”

2013年3月14日,《科学》杂志宣布：中国科学家首次成功实现了“量子反常霍尔效应”。这既是理论物理的突破,又极具商用价值。《科学》杂志审稿人称该成果为“凝聚态物理界的一项里程碑式工作”,连杨振宁都称它为“诺奖级的科研成果”。实际上,1985年和1998年的诺贝尔物理学奖,就分别颁给了发现整数量子霍尔效应和分数量子霍尔效应的科学家。

什么是量子霍尔效应呢?计算机等电器在使用时之所以会出现诸如发热等能量损耗问题，是因为芯片中的电子没有沿着特定轨道运动,并且相互碰撞,从而产生了能量损耗。而量子霍尔效应则可对电子的运动制定规则，让它们在各自的跑道上无碰撞地行进。形象地说,这就好比被堵在胡同里的汽车只能爬行，但在量子霍尔效应的帮助下，它们就能在专用道上高速飞驰。

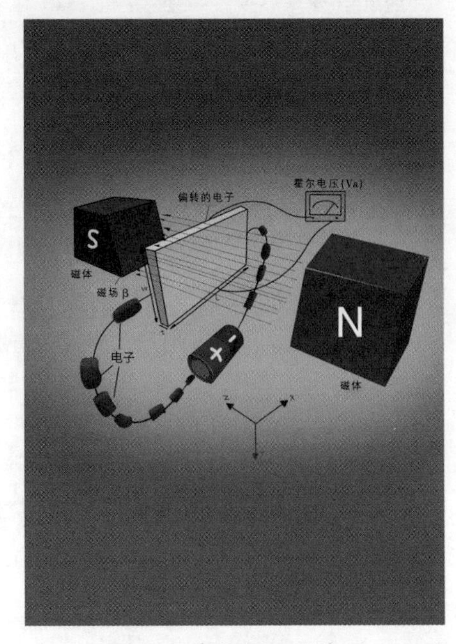

图62　霍尔效应示意图

如今,量子霍尔效应已是整个

凝聚态物理领域重要、基本的量子效应之一。过去人们主要通过强磁场来获得该效应,但中国科学家的本项成果则创新性地由材料本身的自发磁化来产生该效应。

其实,除了量子反常霍尔效应之外,中国科学家还发现了许多其他罕见的量子效应。比如,早在2000年,中国科学家就发现了物质波干涉现象,它不仅证实了国际学术界十多年前的理论预测,还丰富了量子理论,因此被评为当年的"中国十大科技进展"。这将鼓舞更多科学家进一步研究分子束,以期对这种新现象有更深的了解,并建立更为精确的理论系统。

发现物质波干涉现象的重要性主要表现在哪里呢?如今的现代物理学几乎都建立在量子力学和相对论的基础上,物质既是粒子又是波,量子干涉效应则是物质波相互作用的结果。很早以前人们就曾从理论上预言,在分子碰撞的传能过程中,也会存在量子干涉效应。但是,该预言却一直未能从实验上予以证实。而中国科学家则首次证实了该预言,形象地说,他们用实验表明,当分子和分子碰撞时,分子也会像光波一样发生干涉现象。准确地说,他们在用激光光谱测量一氧化碳分子相互碰撞的能量传递时,竟然发现理论与实验结果很不相符,但若将物质波的干涉考虑进去后,理论与实验结果就一致了,从而证实了物质波的干涉现象。

除了各种量子实验之外,中国科学家在量子的基本理论方面也取得了不少成就,其中最为突出的当数杨振宁先生于1954年发表的"杨-米尔斯理论",这一理论对后世的影响甚至超过了他后来获得诺贝尔物理学奖的"宇称不守恒定律"。"杨-米尔斯理论"同时在数学和物理两个领域中都引起了剧烈震动,不但激发了大批著名数学家去努力求解相关方程,还引发了包括量子理论在内的基本粒子理论的重大革命。

杨振宁与爱因斯坦在很多方面都有相似之处,比如,在实验室里他们都"笨手笨脚",在理论物理的研究方面他们又都游刃有余。杨振宁在芝加哥大学求学期间遇到了一位好老师——著名的理论物理学家泰勒,于是,名师出高徒,仅仅三年半后,他就获得了博士学位。接着,他便在费米和泰勒的共同推荐下来到普林斯顿高等研究院，成了爱因斯坦的同事与合作伙伴。

杨振宁在少年时代就立志高远。在他10个月大时父亲就远赴美国攻读博士学位。后来在父亲的影响下，他对学问产生了极大的兴趣，在12岁时就声称今后要研究奇妙的宇宙，还要拿诺贝尔奖，哪知后来果然全都实现了。难怪他在诺贝尔奖典礼上自豪地宣称："我是中西两种文化共同的产物！"

高性能量子点LED

点亮斑斓新世纪

如今,一谈起LED,可能许多人都会不屑一顾:嗐!不过区区几块钱就能买到的新型节能灯而已嘛!

但是请注意,也仅仅是在几年前,即2014年10月,三位外国科学家竟因发明了蓝光LED而获得了诺贝尔物理学奖,其颁奖词为:“白炽灯点亮了20世纪,LED将点亮21世纪”。更不可思议且略带一点遗憾的是,该奖项颁发后仅仅几十天,《自然》杂志就报道了中国科学家直接将LED升级的爆炸性新闻,即制造出了一种名叫“量子点LED”的高性能LED,其使用寿命竟奇迹般地达到10万个小时,发光量子效率高达100%。看来,LED竞争确实很激烈,其应用的推广速度也确实惊人,毫无疑问,它

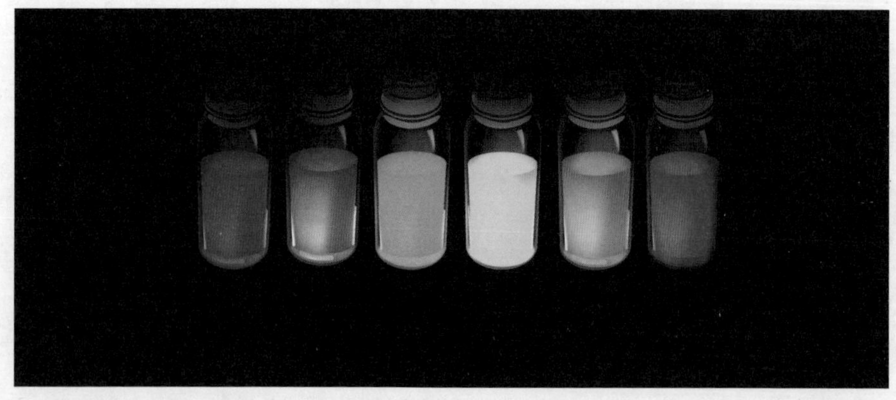

图63　量子点材料

们将成为下一代显示与照明技术的核心器件。

什么是LED呢？LED是发光二极管的简称，是如今大街小巷随处可见的发光器件。它通过电子与半导体空穴的复合释放能量，从而将电能高效转化为光能并发出荧光。不同的半导体材料所释放的能量各不相同，能量越大，发出荧光的波长就越短。早在1962年，人们就发现砷化镓二极管可以发射低光度的红光，并将它广泛应用于电路及仪器的指示灯，或用它们组成文字或数字显示出来，至今在许多家用电器上都还能看见这种红光LED的身影。后来，人们又陆续发现，磷化镓二极管可发射绿光，氮化镓二极管可发射蓝光。

在各种颜色的LED中，为什么唯独蓝光LED会获得诺贝尔奖呢？这是因为蓝光LED非常有用，可激发照明用的白光。蓝光LED的研制也很难，虽然早在1971年，科学家们就从理论上论证了制造蓝光LED的可能性，但按他们的思路制造出来的却只是能量更低的绿光LED。直到1974年，科学家们才勉强制造出了仅能发出微弱蓝光的LED，但这种LED不仅工艺复杂，而且根本不实用。直到1989年，蓝光LED的工艺才有所改进，但是效率仍然极低，小于0.03%。又过了四年，即1993年，科学家才总算制造出了后来获得诺贝尔奖的高亮度蓝光LED。

起初，LED主要用于仪器仪表的指示灯，后来才应用到交通信号灯，再后来更升级为照明和显示器的背景光源。随着微型发光二极管的出现，LED灯的尺寸大大缩小，甚至可将独立发光的红、蓝、绿微型LED排成阵列，轻松快捷地显示任何图形，并在全球得到迅速推广。

LED灯具有很多优点。比如：在节能方面，其能耗只是白炽灯的十分之一；在环保方面，LED灯不含汞等重金属材料，不会像荧光灯那样造成污染；它是冷光源，几乎不产生热量，夏天不会吸引喜光喜热的昆虫；在工作效率方面，它几乎能做到通电即亮。另外，LED灯还能在快速开关时长期保持良好的工作状态，不会像白炽灯那样容易被烧断灯丝，因此可用来组成变化莫测的屏幕。

什么是量子点，什么又是量子点LED呢？所谓量子点，其实就是一种纳米尺寸的半导体晶体，它的三维尺寸都在100纳米以下，大概相当于一根头发丝直径的十万分之一。而量子点LED就是以量子点为材料来激发荧光的LED。将量子点溶入某种液体并通电后，不同尺寸的量子点会发出不同颜色的光，哪怕它们的尺度大小只相差几个或十几个原子。于是，通过调整量子点的尺寸，就可以得到所需颜色的光。比如，硒化镉晶体溶入液体后，在2纳米时会发出蓝光，8纳米时发出红光，中间尺度则会分别呈现绿色、黄色或橙色的光等。

水合离子的原子结构

填补百年空白

2018 年 5 月 14 日，《自然》杂志报道，中国科学家首次获得了单个钠离子水合物的原子级图像，建立了水合离子的微观结构和输运性质之间的直接关联，比如，含有 3 个水分子的水合钠离子的扩散速度将更快。该成果颠覆了人们对受限体系中离子输运的传统认识，将在电化学反应和生物离子通道等领域发挥巨大作用。《自然》杂志的主编认为，这项研究获得了“堪称完美的水合离子结构和动力学信息”。

什么是水合离子呢？在电解质溶液里，离子会与水分子结合形成带电微粒，它们就叫水合离子。实际上，在含有水分的溶液里的离子，大都以水合离子的形式存在。因此，水合离子是自然界十分常见和重要的现象

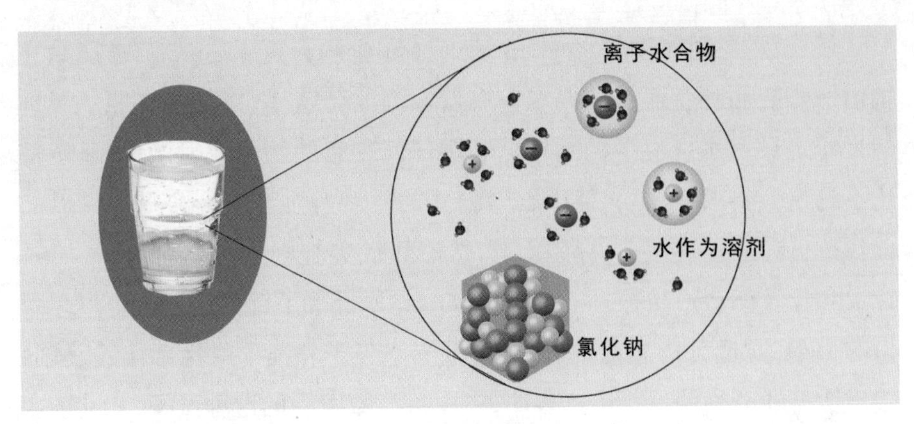

图 64　水分子使氯化钠溶解成离子水合物

之一，在很多物理、化学和生物过程中都扮演着极其重要的角色。比如，盐溶解后的离子就是水合离子，生命体内的离子转移过程实质上就是水合离子的转移过程等。可见，水合离子既重要又普遍，搞清其内部结构十分必要。

可是，过去一百多年来，水合离子的微观结构却一直是个谜。这主要是因为：一来，水合离子的结构太复杂。一个离子通常会被多层水分子所包围，这些水分子的数目各不相同，在离子周围的分布也不相同，水分子的运动情况更不相同，还会受到水的氢键结构影响；二来，过去一直缺乏原子尺度的实验手段。如今，中国科学家终于填补了这个百年空白，搞清了多种水合离子的结构和运动规律。

中国科学家是如何完成这个“瓷器活”的呢？原来，他们掌握了两个“金刚钻”：

其一是，研发出了一套独特的离子操控术。即先将相当于头发丝直径一半的金属丝“削尖”成单个原子的针尖，再用针尖在离子薄膜表面轻轻移动，抓取单个离子；接着，用带有离子的针尖扫描水分子，形成含有一个水分子的离子水合物；最后，拖动其他水分子与离子水合物结合，便得到含有不同水分子数目的离子水合物。不难看出，第一个“金刚钻”的操控原理很简单，但难就难在如何“在针尖上跳舞”，这显然不是常人能完成的任务。

其二是，在用前述的“金刚钻”获得了单个水合离子后，如何才能给它拍出一张靓照呢？而且还要求它有着极高的分辨率，以便能在原子级别的尺寸上显示水合离子的结构。若用任何现有的相机或显微镜，显然都达不到这个要求，于是，“他山石”就上场了。科学家们将前面“削尖”后的针尖“绑定”在一种特制的音叉上，然后让针尖轻轻划过水合离子，于是针尖和音叉就会产生振动。音叉振动的频率反映了针尖遭遇水合离子阻力的大小，通过分析振动频率，便可推知水分子和离子的精确位置，从而拍出所需的清晰照片。事实表明，中国科学家发明的这种音叉，其灵敏度和分辨率均处于国际领先水平，使得仅靠极其微弱的高阶静电力，就可以清晰地分辨出单个水分子中带正电的氢原子和带负电的氧原子。

上述“金刚钻”当然还能包揽其他“瓷器活”。比如:若能搞清雾霾离子的水合结构,便可通过破坏该结构而轻松抑制雾霾;在研制锂电池时,若能通过调配锂离子和水的比例以形成稳定的离子水合结构,便能生成新的最佳电解液;海水淡化的原理是将海水中的盐去掉,若能知道盐是如何与周围的水分子相结合的,那就可以想办法将它们分离,从而实现海水淡化。

水的全量子效应

极具挑战性的科学问题之一

一提起水,几乎人人都是专家。是呀,水是地球上常见的物质之一,地球表面的71%都被水覆盖着。水在常温、常压下是无色无味的透明液体,是所有生物的生命之源。在标准大气压下,纯水的沸点为100摄氏度,冰点为0摄氏度。水在空气中含量虽少,却是空气的重要组分。

学过生物课的同学都知道:动植物体内主要是水,人体内绝大部分也是水。水在儿童体内约占80%,在老年人体内约占50%,在中年人体内约占70%。普通人每天要通过皮肤、内脏、肺及肾脏排出约1.5升水。水是细胞原生质的重要组分,是调节体温的主要载体,在体内起到传递营养物质、帮助代谢废物和促进体液循环的作用。

学过化学的同学都知道:水是由氢和氧组成的无机物,其化学分子式为H_2O。水的热稳定性很好,即使是在2000摄氏度的高温下,其离解也不足百分之一。水分子是极性分子,即它的正负电荷中心不重合,这使得水能成为很好的溶剂,可以轻松溶解氨气、二氧化硫、二氧化碳、二氧化氮等化合物。

学过物理的同学都知道:纯水几乎不导电,属于极弱的电解质。但因日常生活中的水里溶解了许多电解质,产生了众多阴阳离子,这才使得水具有了较为明显的导电性。水在约4摄氏度时密度最大,固态水(冰)的密度小于液态水,所以冰能浮在水面,结冰时体积略有增加。

对核技术感兴趣的同学还知道:除了常见的自然水外,还可以通过电解法和水精馏法等方式生产出一种很特别的水——重水。它主要用作核反应堆中的“减速剂”或冷却剂,以减小中子速度,控制核裂变过程。此外,重水已帮助人类探知了水的许多其他秘密,比如,水在植物中每小时可运行十几米到几十米,你喝下的水可以在体内停留约 14 天。

对宇宙知识感兴趣的同学,可能还知道许多有关水之起源的激烈争论。比如,有一种“外源说”认为,地球上的水可能来自天外,缘于富含水分的彗星和小行星的撞击。确实,一般陨石的含水量为 0.5%~5%,碳质球粒陨石的含水量则超过 10%,而这类陨石又占所有陨石总数的约 86%。还有一种“内源说”认为,地球上的水来自地球本身,地球是由原始的太阳星云气体和尘埃经过分馏、坍缩、凝聚而形成的。这些东西聚集形成行星胚胎,然后进一步增大生长从而形成原始地球。而在地球起源时,形成地球的物质里本来就含有水分。

但是,出乎许多人意料的是,国际著名的学术刊物《科学》在其创刊 125 周年时,提出了“125 个最具挑战性的科学问题”,而其中一个问题竟然是:水的结构是什么?其实,人类对水并不了解,水的许多反常特性至今仍是一个谜,一个源于氢原子核量子效应的谜。因为氢原子核是质量

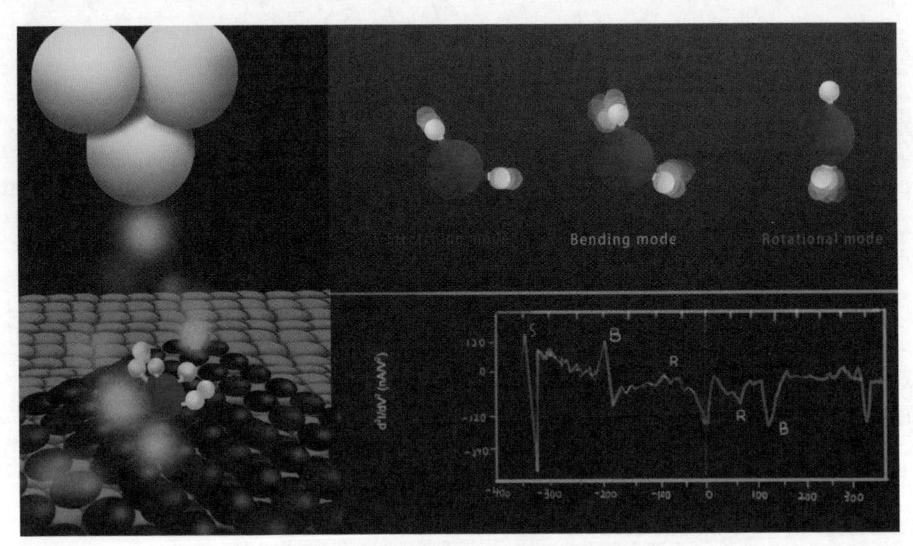

图 65　水的全量子效应示意图

最小的原子核，其量子隧道和量子涨落等量子特性会异常明显，以致影响到水的结构和动力学特性等。

2016年4月15日，《科学》杂志报道，我国科学家自主研发了一套对原子核量子态敏感的扫描隧道显微术，分别在实空间和能量空间实现了对氢核量子态的精密探测，从而在国际上首次揭示了水的全量子效应。

在理论上，中国科学家还发现了一套分子动力学新方法，首次获得水分子的亚分子级成像，从全新的角度诠释了水的奥秘。中国科学家的这一发现，澄清了学术界长期争论的氢键量子本质问题，具有重要的意义。

单分子电子顺磁共振探测

蛋白质实时成像的里程碑

2015 年 3 月 6 日，《科学》杂志报道，中国科学家在国际上首次获取了直径约 5 纳米的单个蛋白质分子的顺磁共振谱，并解析出其动力学信息。该成果一经发表就在美国、德国等多个国家引起轰动，《科学》杂志还将它评为研究亮点，并配发专文称它“实现了一个崇高目标”，是“通往活体细胞中单蛋白分子实时成像的重要里程碑”等。

那么，什么是磁共振，什么又是电子顺磁共振呢？一提起磁共振，大家就会想到医院里的核磁共振仪器。它在强大的磁场作用下，记录人体组

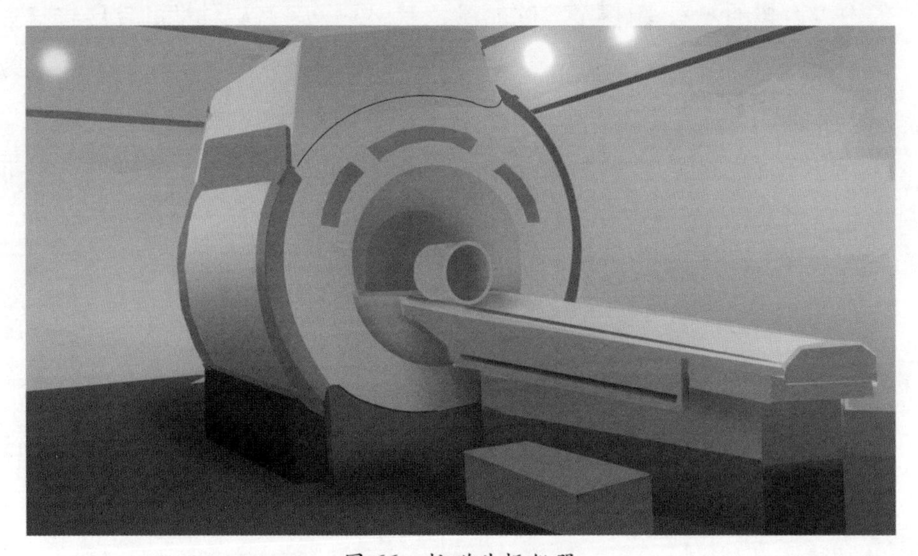

图 66 核磁共振仪器

织器官内氢原子的运动，再经处理后获得检查部位的健康信息，以此判断人体器官是否发生病变。核磁共振当然是磁共振的典型代表，准确地说，它应该叫核磁共振成像，即利用核磁共振现象制成医学检查的图像，从而让医生看清患者体内的情况。但是，如果被观察的对象不是人体，而是非常微小的东西，那么医用核磁共振设备就无能为力了，只能启用更好的磁共振设备。如果被观察的对象再进一步缩小，比如，小到只是一个或几个分子，那么目前已有的所有磁共振仪都派不上用场，这时就只能请上中国科学家自主研制的精度更高的电子顺磁共振仪了。

实际上，由于受到探测原理的限制，普通磁共振仪器的成像分辨率通常为毫米量级，只能测量数以百亿计的分子的统计平均信息。而中国的电子顺磁共振仪则将分辨率提升到了纳米级，将灵敏度提升到单个分子，为直接测量单个分子的内部细节奠定了基础。这无论是对疾病的早期诊断，还是对物理、化学、材料、生物等领域的研究都有重要价值。

本项成果还有另一个间接价值，那就是在一定程度上弥补了我国高端科研仪器研发的既有短板。过去，仪器研制者不懂相关的科学研究，科学研究者又不懂如何研制相关仪器。于是，在科研和设备需求间就形成了难以逾越的鸿沟，阻碍了我国的科技发展，毕竟，基础科学的发展将越来越紧密地依赖于仪器水平。

中国科学家为什么能取得如此骄人的成就呢？

在“天时”方面，该课题组的主研人员充分借鉴了量子技术中的新成果和新思路，从而能另辟蹊径，采用新的探测原理。主研人员经过十余年的努力，终于设计出一种新的磁共振谱仪，这也诠释了“他山之石可以攻玉”的真谛。

在“地利”方面，该课题组刚好赶上国家启动重大科研仪器研制项目的机会，国家相关部委都积极鼓励研制具有原创性的科研仪器。果然，经过严格遴选后，课题组终于过五关斩六将，以“指标先进、创新性强、积累丰富”的优势顺利获得了中国科学院和国家自然基金委的全力支持。毕竟“工欲善其事，必先利其器”，否则你再有天大的本事，也只能面对纳米级的单分子望洋兴叹，更不可能获得其靓照了。

在“人和”方面，主研人员领导了一支强有力的科研团队，大家分工合作，相互配合。有人聚焦技术创新，把本来钻石中的一种缺陷作为“量子传感器”，通过量子操控构建出了一个“单电子自旋量子干涉仪”；有人则聚焦原理创新，将微弱的磁信号转化为量子干涉仪的相位信息，再通过量子操控实现放大，最终读取到单分子的磁信号；还有人聚焦集成创新，确保研制出的仪器既能用，又好用。

后来的事实表明，课题组研制的新仪器探索出了一条产学研相结合的快车道，使我国的高端科学仪器能与国外竞争者站在同一起跑线上，目前已有多家企业开始努力实现本成果在材料科学方面的产业化，未来可以期待更多相关的成果实现落地。

单分子化学反应的超分辨成像

纳米级现场直播

2021 年 8 月 12 日,《自然》杂志封面论文称,中国科学家发明了一种可以直接对溶液中单分子化学反应进行成像的显微镜技术,实现了超高时空分辨成像。该成果在化学成像和生物成像领域都有重要的应用价值,能帮助人们看到更清晰的微观结构和细胞图像,比如,将为化学反应位点可视化、化学和生物成像、单分子测量等领域提供新的可能。

什么是单分子化学反应呢？顾名思义,单分子化学反应就是只有单一反应物的分子参与而实现的化学反应。其实,大家对单分子化学反应既熟悉也陌生。之所以说熟悉,是因为从初中化学的第一堂课开始,教科书上描写的化学反应几乎都是单分子反应,比如,一个氧原子与两个氢原子结合后就得到了一个水分子等。之所以说陌生,是因为在本项成果问世之前,任何人都不知道单个分子到底是如何介入化学反应的,更不曾亲眼观看过任何单分子的化学反应,只能得到大量分子参与反应后的结果。比如,将一块金属钠投入一杯水中后,任何人都能看见激烈的爆炸式反应, 而这只是天文数量级的水分子和钠分子相互作用后所产生的宏观现象。

研究单分子化学反应的重要性和难点都有哪些呢？从理论上看,研究单分子化学反应的动力学规律是化学基础中的基础; 从实验上看,验证相关理论的单分子化学实验非常困难。比如,仅仅是针对单分子反应的观察难、控制难、追踪难、操纵难、检测难等问题，就让全球科学家举步维艰。毕竟，单分子化学反应所伴随的光、电、磁等信号都非常微弱，而且还有许多随机性。而克服这些难题的第一步，就是获得单分子反应的影像。幸好，中国已跨过了这第一道难关。

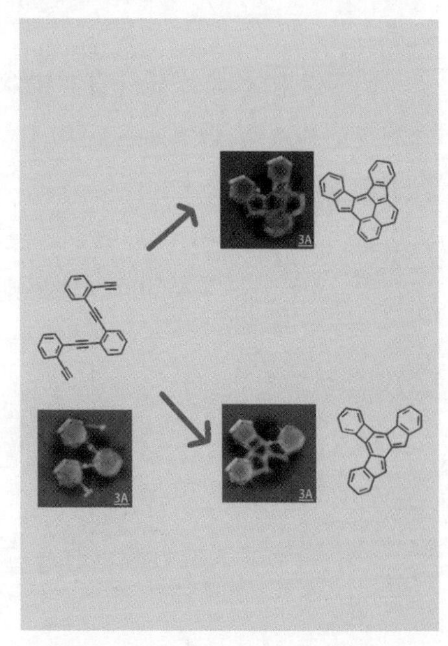

图 67　单分子化学反应示意图

具体说来，中国科学家巧妙采用了两步走策略：第一步，利用电致化学发光技术让参加化学反应的分子自己发光，极大增加了能见度；第二步，突破光学衍射极限，实现超高时空分辨成像，最终在空间上实现了前所未有的 24 纳米分辨率，在时间上实现了每秒拍摄 1300 张图像的新纪录。

细心的读者也许已注意到，本项成果与前面刚刚介绍过的“单分子电子顺磁共振成像”有许多相似之处，但也各有特点，比如，本项成果在现场直播单分子化学反应时效果更好。

其实，我国在单分子处理技术方面的积累还是颇具优势的。早在 2005 年 9 月 2 日，中国科学家就已利用低温超高真空扫描隧道显微镜，巧妙地对吸附于金属表面的钴酞菁分子进行了“单分子手术”，成功实现了单分子自旋态的控制。这是世界上首次实现类似操作，并利用局域的化学反应改变了分子的物理性质，从而产生了重要的物理效应。具体说来，中国科学家成功“剪裁”了钴酞菁分子外围的氢原子，使整个分子的空间结构和电子结构产生变化，由此改变和调控了分子中心钴离子的自旋态，使其显示出由局域磁性所引起的近藤效应，从而为单分子功能器件的制备提供了一个极为重要的新方法，揭示了单分子科学的广阔

前景。

长期以来,科学家们一直期望像做手术一样,随意对单个分子进行精确的修饰和改造,以实现特定功能。20 世纪 90 年代,美国科学家虽然实现了单个小分子的化学反应,揭示了“单分子手术”的巨大潜力,但自此以后就再也没有实质性进展了,特别是无法用单分子化学反应来改变物理性质,而中国科学家的这项成果则在此基础上实现了重大突破。

声子的测量

见微知著新突破

2021 年 11 月 17 日,《自然》杂志报道,中国科学家利用扫描透射电子显微镜开发出了四维电子能量损失谱技术,并首次用实验证实了晶体异质界面处的界面声子的存在,或形象地说,首次观测到了声子。该成果为纳米尺度声子色散的实验测量提供了可行方案,预期将在拓扑声子、电声耦合、热电和散热材料中的界面和缺陷热传导等研究中发挥重要作用。

什么是声子呢？结晶态固体中的原子或分子是按一定规律排列在晶格上的。若把原子比作小球的话,整个晶体就犹如许多规则排列的小球,而小球之间又彼此如弹簧连接起来一般，每个原子的振动都会牵动周围的原子，使振动以弹性波的形式在晶体中传播。若原子振动的振幅与原子间距的比值很小，这些弹性波便可看成是彼此独立的，它们的能量也是不连续的,其最小的能量单位就是声子。

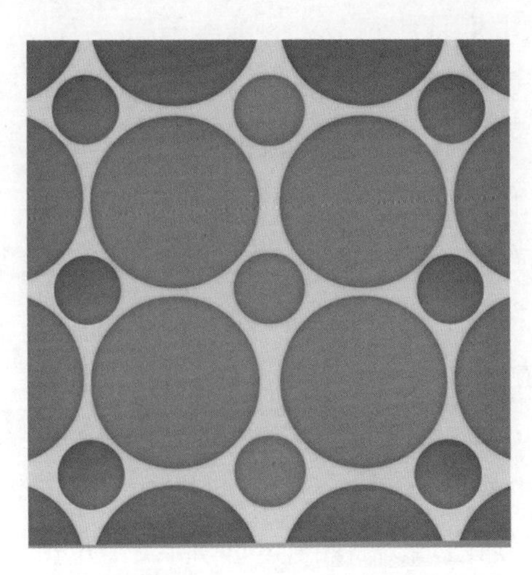

图 68　声子晶体示意图

可见，声子作为一种最小的能量单元，它并不是某个实在的东西,它没有物理动量,更不是上下振动的小球,而是物理学家们为了研究方便而借鉴量子思想设计出来的一种“虚拟粒子”。若从经典物理的角度来看,声子指的又是一种基本振动模式,任何晶格振动都可看成是这些基本振动模式,或振动波的叠加。因此,单一的粒子振动并不能产生声子,必须由若干联结在一起的原子或分子集体关联振动才可能产生声子；声子是晶格振动的量子态,它也具有波粒二象性。声子以晶格振动的方式来传递其能量。

为什么要将晶格关联振动的最小能量取名为声子呢?从理论上说,声子的振动波长最长可达到宇宙的宽度,最小则与原子间的距离有关,大约是原子之间平均间隔的两倍。在一定波长下,声子的振动确实可以产生声音。比如,若某种晶体内声子的波长足够长,则会导致更多晶格的关联振动,并对外表现为晶体的整体振动,从而产生声音。这种声子又称为声学声子。

为什么在空气中不存在声子呢?与晶体不同,空气中的分子之间没有紧密关联,一个分子发生振动时并不能带动周围粒子的关联振动,因此,空气中就不会存在声子。同样,由于太空中的粒子太稀疏,声子也不能在太空中传递,它只存在于凝聚态物质的晶格中。

除了声学声子外,还有一种名叫光学声子的东西。比如,当氯化钠这种离子晶体被红外辐射激发时,光的电场将使每个正的钠离子朝一个方向移动,而使每个负的氯离子朝相反方向移动,从而使晶体产生振动,并使光也可以在晶体中传递。类似地,当电子通过晶体运动时,它们的场也会扭曲周围的晶格,从而产生声子。因此,无论我们是否听到声音,只要有场(无论是电场、磁场或能量场)的存在,晶体中的声子就存在。

声子与温度之间有什么关系呢?在温度达到绝对零度时,晶格中的原子不再振动,此时当然就没有声子;在温度高于绝对零度时,由于晶格具有不恒定的能量,它们会在某个平均值附近随机波动,并产生相应的声子。由于声子来自于温度,所以有时也将声子更形象地称为热声子。若对晶体的某一部分加热,这部分的原子就会因为获得能量而加剧振动,并表现为相应的热声子。该热声子还会迅速向周围传递,以平衡其能量,并最终达到整个晶体中所有晶格能量均衡的状态。

声子的观测为什么很难呢?形象地说,声子太小,过去一直无法测量,直到本课题组的中国科学家出手后,才最终抓住了声子的“狐狸尾巴”。

超级压电性能的透明铁电单晶

新型智能材料

以智能材料和纳米材料为代表的新材料研制工作一直是我国的短板。但近年来，我国终于开始发挥自己的后发优势了。

2020年1月16日，《自然》杂志报道，已经在全球停滞20余年的不透明铁电材料终于有了新突破。原来，中国科学家首次研制出了一种透明铁电智能材料，准确地说是研制出了具有超级压电性能的透明铁电单晶，其压电性比同类材料提高了100倍，电光系数提高了40倍。该新材料将大大推动声光电多功能耦合器的发展，在透明触觉传感器、透明压电触摸屏和透明超声换能器的研制方面引发新的革命，比如，将大幅提高

图69　透明铁电单晶

声光成像系统在乳腺癌、黑色素瘤和血液病诊断中的分辨率等。

以铁电单晶为代表的铁电材料是一种能实现电声信号转换的智能材料，比如，在受到机械应力作用时，它们能产生电压；在受到电压作用时，又能产生机械应力。又比如，在一定温度范围内，它们会产生自发的电荷极化，因此即使没有外加电场，它们也能产生电偶极矩，且这种自发电荷极化还可在外电场作用下改变方向。因此，它们被广泛应用于超声、自控、机械等诸多领域。

另外，在纳米材料研制方面，我国也有多项成果都入选了相应年度的“中国十大科技进展”。比如，早在2009年1月30日，中国科学家就在《科学》杂志上发表文章，宣布首次发现了纳米孪晶铜的极值强度和超高加工硬化效应，这表明当纯金属的特征尺寸降至纳米量级时，确实会导致极值强度的出现，同时也表现出一般金属所不具备的超高加工硬化效应。该项成果不但拓宽了人们对纳米尺度材料塑性变形本质的认识，也为进一步发展高性能纳米结构材料及其应用提供了重要线索。

中国科学家的这一发现有什么价值呢?过去人们通过实测发现，普通多晶体金属的强度通常会随着晶粒尺寸的减小而升高。但另一方面，理论分析却表明，当晶粒尺寸小到纳米量级时，其强度将出现一个极大值。也就是说，此时晶粒的尺寸若再进一步减小的话，金属硬度反而会逐渐减小，出现软化。然而，迄今为止，这种极值强度尚未被观察到。其主要原因在于，人们无法解决纳米金属材料领域中的这样一个长期悬而未决的世界难题，即如何制备出稳定的晶粒尺寸小至纳米量级的金属，并探索其变形机理。如今，中国科学家终于克服了这个世界难题。

2011年2月17日，《科学》杂志报道，中国科学家在纳米金属兼具高强度和高韧塑性研究方面再次取得重要突破。具体说来，就是发现梯度纳米金属铜既具有极高的屈服强度又具有很高的拉伸塑性变形等奇特能力。更重要的是，中国科学家还发现，该奇特能力其实源于梯度纳米结构的独特变形机制，而这种变形机制与传统的材料变形机制截然不同。

其实,工程结构材料的理想性能既包括高强度,又包括高韧塑性。然而,强度与韧塑性往往像鱼和熊掌那样不可兼得。高强度材料的塑性往往很差,而具有良好塑性的材料又很难具有高强度。比如,普通的纳米金属材料(即晶粒尺寸在纳米尺度的多晶金属)虽为一种典型的高强度材料,甚至其强度比普通金属还高一个量级,但它们几乎没有拉伸塑性。于是,如何提高纳米金属的塑性和韧性,就成为近年国际材料界面临的一个严峻挑战。非常可喜的是,中国科学家在应对该挑战时取得了重要突破,不但发现了一种鱼和熊掌兼得的材料——梯度纳米晶铜,还解释了相关的分子级奥秘。

纳米孪晶金刚石

世界上最硬的材料

2014 年,《自然》杂志报道,中国科学家首次合成了一种名叫“孪晶金刚石”的新材料,它的长度虽只有约 3.8 纳米,但其硬度是天然金刚石的 2 倍,当然也是目前已知的世界上最硬的材料。此外,它还具有很好的热稳定性,即它比天然金刚石在空气中的起始氧化温度高出超过 200 摄氏度。这意味着中国科学家成功开辟出了一条能同时提高材料硬度、韧性和热稳定性的新途径。为此,《自然》杂志还在同一期专门发表了评论文章,对该项成果给予了高度赞扬。另外,包括《时代》周刊在内的众多国际著名媒体,也对它进行了密集的重点报道。

天然金刚石自 2700 多年前被发现以来,一直被公认为是最硬的材料。我国河南更是全球天然金刚石的最大产地。1955 年,美国科学家成功合成了人造金刚石单晶,揭开了金刚石应用于工业领域的新篇章,竖起了超硬材料研究的里程碑。从此,人类就一直梦想着合成出比天然金刚石更硬的新材料,但许多年来始终没能取得任何实质性进展。如今,中国科学家终于让人类实现了这个梦想。

其实,除了孪晶金刚石外,中国科学家早在 1997 年就研制出了 12 英寸直拉单晶硅,它是全球最大直径的直拉单晶硅,成为当时国际上最先进的特大规模集成电路的基础材料。这对提高我国现有硅晶片的质量和科技含量具有重大意义,也推动了我国集成电路和信息产业的进一步发展,更使我国成为继美国、日本、德国之后具有拉制大直径单晶硅技术的第四个国家。

什么是单晶硅呢?硅是最常见的半导体材料,而单晶硅则是硅的一种形态,是硅原子按某种形式排列而成的物质。实际上,当熔融的硅凝固时,硅原子会以金刚石晶格排列成许多晶核。若这些晶核的晶面排成方向相同的晶粒,则这些晶粒平行结合后就结晶成了单晶硅。单晶硅作为一种活泼的非金属元素晶体,是晶体材料的重要组成部分,更是新材料研究的前沿。

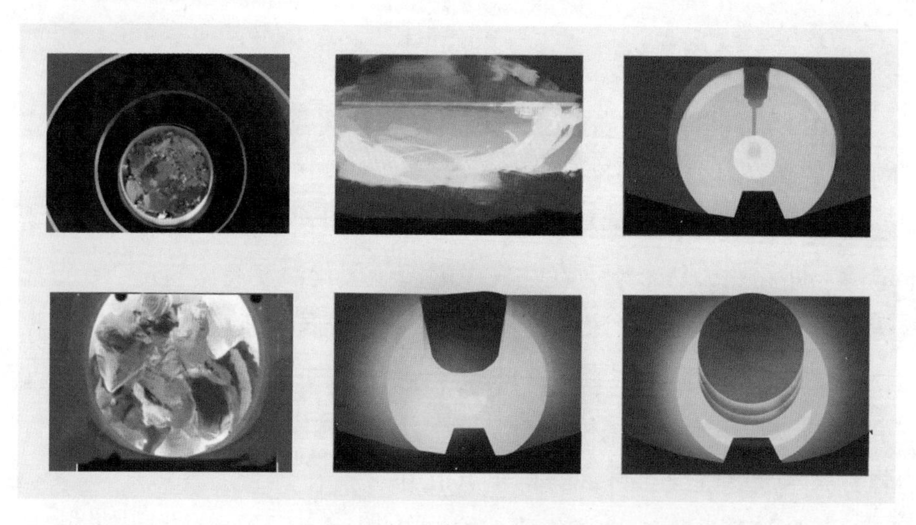

图 70　直拉单晶硅拉晶环节

单晶硅有什么用呢?由于单晶硅具有准金属的物理性质,是理想的半导体材料,其电导率会随温度的升高而增加。所以,除了用作太阳能光伏发电和供热材料之外,单晶硅主要用于信息产业。实际上,信息产业的核心是集成电路,集成电路的核心是电子元器件,而电子元器件几乎都是由硅制成的,其中直拉单晶硅的用量又超过 85%。因此,为了降低集成电路的制造成本,就迫切需要更大直径的直拉单晶硅抛光片,以提高电路集成度,进而提高计算机中央处理单元的集成度,最终提高计算速度。

另外,世界上第一根用太阳能冶炼的单晶硅已于 2009 年 7 月 1 日在我国诞生了。这标志着我国光伏发电业又完成了一项重大创新,使高效廉价冶炼高纯硅的梦想终成现实。原来,太阳能级高纯硅是目前光伏界应用最广的原材料,但也是世界上十分紧缺的材料之一,因为获得该材料非常困难,传统方法不但耗能多,还污染严重。

虽然早就有人建议用太阳能来冶炼高纯硅,但终因成本太高、温度太低而未能成功。中国科学家巧妙利用了自创的无光象主动光学理论,以极低的成本制作了一种新型太阳炉,它能有效且稳定地将1万倍以上的太阳光聚焦在网球大小的范围内,使得硅棒的冶炼过程能在1~2秒内瞬间完成,且所得到的高纯硅的纯度能达到99.9999%,还能将能耗指标由过去的每千克耗电200~400度,降低为30~40度;其提炼成本也由过去的每千克40~80美元,降低为20美元左右,还不会造成环境污染。

最轻材料

重量轻如鸿毛，价值重如泰山

人类的历史，几乎就是一部材料发展史。你看，百万年前，原始人以石头为工具，进入了旧石器时代；1万年前，人类开始磨制石器，后来又发明了陶器，从而进入了新石器时代；7000年前，人类学会冶金，进入了青铜器时代；3000多年前，进入铁器时代；100多年前，进入钢铁时代；随后便是眼花缭乱的高分子时代、半导体时代、复合材料时代等。如今，人类终于进入了新材料时代。

值得高兴的是，在新材料时代，中国科学家发明了许多神奇的新材料。比如，2013年2月18日，学术刊物《先进材料》报道，中国科学家研制出了一种名为“全碳气凝胶”的超轻固态材料，其密度仅为0.16毫克每立方厘米，是空气密度的六分之一，也是迄今为止最轻的材料。哪怕是将一个水杯大小的气凝胶放在狗尾草上，纤细的草须也不会被它压弯。另外，它还是吸油能力极强的材料之一，其吸油量超过现有最好材料的90倍。为

图71　全碳气凝胶

此,《自然》杂志重点配图评论道:“它将有望在海上漏油、净水甚至净化空气等环境污染治理方面发挥重要作用。”

全碳气凝胶具有许多非常奇妙的特性。比如,虽然它很轻,却一点也不脆弱,实际上它的结构韧性强得出奇,甚至可以在数千次被压缩至原体积的20%之后还能迅速复原。此外,它还将成为理想的吸音、储能、保温和催化材料。更可喜的是,全碳气凝胶的制备还很便捷,可大规模制造和推广。

又比如,早在2011年,中国科学家就在全球首次制备出了具有三维网络结构的石墨烯新材料。普通石墨烯都只是二维的,中国科学家则首次将每片石墨烯连接在一起,形成了性能更好的三维蜂窝状骨架结构。这将极大拓展石墨烯的物理特性和应用空间,为其在柔性导电、导热、传感、储能、电磁屏蔽和生物科学等领域的应用奠定基础。

什么是石墨烯,什么又是三维石墨烯呢?简单说来,若将石墨烯层层叠加就是石墨。厚1毫米的石墨大约包含300万层石墨烯。铅笔在纸上轻轻划过,留下的痕迹就可能是几层石墨烯。因此,若能反过来将石墨层层剥离,只要厚度足够小就可得到石墨烯。果然,有人就像玩游戏一样,将石墨薄片两面都贴上特殊的不干胶带,撕开胶带就能把薄片一分为二。接着,再不断重复这种操作,于是薄片就越来越薄,最终变成仅由一层碳原子构成的薄片,它就是石墨烯。哈哈,该“游戏”还获得了2010年的诺贝尔物理学奖呢!

还比如,2009年和2010年,《自然》《科学》《先进材料》《物理评论快报》等顶级国际学术杂志相继报道,我国多个科研团队在拓扑绝缘体方面连续取得重要进展,不但在国际上产生了广泛影响,还成为该领域为数不多的国际领先团队。他们不但首次预言了可在室温下存在的三维强拓扑绝缘体,还在硅等多种衬底上制备出了高质量三维拓扑绝缘体薄膜,实现了薄膜厚度的逐层控制等。

什么是拓扑绝缘体呢?拓扑绝缘体的内部虽然与普通绝缘体一样,但很诡异的是,它其实是一种新的量子物质态,其边界或表面总存在导电的边缘态。此时电子运动方式不同于普通电流，而是像光那样传播，只是速率不同而已。此时电子的传播对外界电场很灵敏，从而可作为半导体器件的基础。

为什么要研究拓扑绝缘体呢？原来，拓扑绝缘体是2007年才发现的新材料，且很快就成为全球宠儿，因为它对于理解基础物理学和制备半导体器件等都有重要价值，而它的发现者也因此获得了2016年的诺贝尔物理学奖。

铁基高温超导体

树立全球“年度十大科学突破”的新里程碑

在2013年度国家自然科学一等奖名单中，有一项成果叫“40K以上铁基高温超导体”，换句话说，中国科学家已制成了高温超导材料。为此，《科学》杂志评论：“中国如洪流般不断涌现的高温超导研究结果，标志着其在凝聚态物理领域已成为一个强国”，此外，《自然》等国际顶级学术刊物也对该项成果进行了密集报道。

众所周知，超导材料的应用越来越广泛。比如，磁悬浮列车就充分利用了超导原理，医用磁共振成像仪中的磁体也基本上都是由超导材料制成的。实际上，超导已成为21世纪材料领域重要的课题，在该领域已有10人获得了诺贝尔奖。但是，超导现象一般都要在接近绝对零度时才会出现，若想找到转变温度较高的超导材料非常困难，因此这也成了各国科学家长期追求的重要目标。铁基高温超导体的研制工作更成为全球热点，早在2008年，《科学》杂志就将铁基高温超导体评为“年度十大科学突破”。这次，中国科学家又在该“年度十大科学突破”上树立了一个新的里程碑。

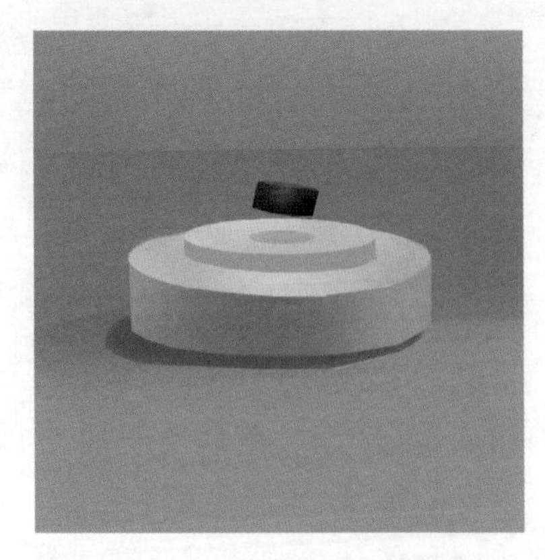

图72 铁基高温超导体

在高温超导领域，我国科学家的成就当然不止如此。早在1998年7月30日，我国科学家就成功研制出了第一根长约1米的铋系高温超导电缆。这既是我国高温超导科研的重大突破，也极大地推进了我国高温超导技术的实用化进程。实际上，首次通电实验表明，这根高温超导电缆的无阻电流达到1200安，接触电阻小于0.06微欧，这表明我国的高温超导技术已处于世界领先水平。

仅仅在两年后，即2000年11月26日，我国科学界又传来一个更大的喜讯：我国的第一根长116米、宽3.6毫米、厚0.28毫米的铋系高温超导带状材料问世了！测试表明，在零下169摄氏度的环境中，它的电流达12.7安培，各项指标均达到国际领先水平。它不但填补了国内高温超导长带材料制备的空白，还表明我国超导材料已经迈向应用阶段。

无论是上述的高温超导电缆还是高温超导带状材料，它们都将主要应用于电力行业中的电缆和变压器，以及医药等领域的核磁共振成像。由于高温超导长带做成的电缆的输电损耗几乎为零，所以它可极大降低输电成本，实际上，普通电缆在长距离输送时的电力损耗高达20%。

在超低温的环境中，超导技术能将某些金属的电阻变小。但非常奇怪的是，在超高压的环境中，中国科学家又奇迹般地将本来导电的金属变成了绝缘体，或者说，将某些金属的电阻变大。2009年3月12日，《自然》杂志报道，中国科学家发现金属钠在200万大气压的高压之下，竟然会转变为透明的宽带隙绝缘体。这可是钠的结构相变研究的一项突破性进展，它甚至是对经典高压理论的一次挑战。

原来，过去国内外学术界一直认为，高压可以有效缩短材料的原子间距，导致材料的价带和导带展宽，进而使绝缘体（或半导体）的价带和导带发生重叠，以至发生从绝缘体到金属的相变，或让金属的导电性能越来越好等。但中国科学家的发现却表明，金属钠的情况刚好相反，即在高压下本来是导体的钠，竟然变成了不导电的绝缘体！

中国科学家对这个奇怪的现象给出了颇具说服力的解释，即在超高压之下，钠原子的所有价电子被高度局限在晶格间隙之中，从而使得这些在间隙中“冻结”的价电子完全失去了自由电子的特性。于是，金属就变成了绝缘体。

最长碳纳米管

搭建登月天梯的最佳材料

2013年6月27日，国际著名学术期刊《美国化学会纳米》报道，中国科学家成功制备出了世界上最长的单根长度为半米以上的碳纳米管，这也是目前所有一维纳米材料长度的最高值。

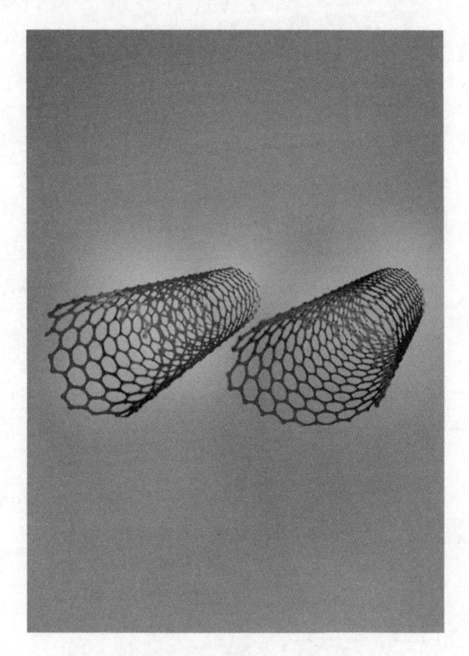

图73　碳纳米管

碳纳米管是迄今为止发现的力学性能极好的材料之一，有着极高的拉伸强度和断裂伸长率。其单位质量上的拉伸强度是钢铁的276倍，更远远超过其他任何材料，这种优异的力学性能在超强纤维、防弹衣等领域将具有广阔前景。《科学美国人》杂志曾提出了一个美好的梦想：在地球与月亮之间搭建一座天梯。而能跨越如此长的距离并且不被自身重量拉断的天梯材料，只有碳纳米管。

显然，若想实现上述梦想，首先得批量制备出足够长的碳纳米管，为此，全球科学家进行了艰辛的探索。比如，在2010年，有科学家制备出了长度为20厘米的单根碳纳米管，此后在中国科学家发明本项成果之前，

国际上再也没有相关的突破性成果了。但愿人类能早日实现这个天梯梦想。

其实,在制备碳纳米管方面,中国科学家已不是第一次领先世界了。早在1999年，我国就率先制备出了大量纯度较高且平均直径为1.85纳米的单壁碳纳米管。这种大直径单壁碳纳米管在经过适当处理后,可在室温下存储较多的氢气,从而拥有更好的性能。

什么是单壁碳纳米管呢？它是一种由单层碳原子（或者说是由石墨烯)卷曲而成的管状纳米材料。它具有优异的电子、机械、力学等性能,是很重要的纳米材料。国际半导体委员会在2009年将它确定为未来具有重要价值的新型器件材料之一。比如,它将在传感器、晶体管、逻辑电路、导电薄膜、场发射源、扫描探针、红外发射器、太阳能电池、催化剂载体和机械强度增强剂等方面发挥重要作用。

但是,制备单壁碳纳米管非常困难,制备这种大直径单壁碳纳米管更是难上加难，人类为此努力了二十余年都还未找到满意的解决方案,因此这个问题在很长一段时间成了碳纳米管研究和应用发展的瓶颈。幸好,中国科学家在一定程度上率先克服了这个瓶颈。

在碳纳米管的研究方面,除了制备技术之外,中国科学家还在相关的理论研究方面取得了众多突破。比如,我国科学家已成功实现了碳纳米管的高效光伏倍增效应。这将推动碳纳米管新材料的实际应用,有望对下一代光伏技术产生重要影响。

作为一种典型的一维纳米材料，碳纳米管具有很好的电学特性。另外,由于它还是直接的带隙材料(一种特殊的半导体材料),故具有不同寻常的光电特性。由于半导体碳纳米管的带隙一般小于1电子伏特,能高效吸收从紫外到近红外的宽广光谱,从而可以充分利用太阳光。这些特性对于光伏应用都非常重要。可惜,碳纳米管产生的光伏电压一般都低于0.2伏特,这么低的电压对于光伏太阳能电池的应用来说显然不够。这便是中国科学家在本项成果中需要解决的问题。

实际上,中国科学家通过某种巧妙的能级匹配,终于实现了碳纳米管的高效光伏倍增效应。他们所发明的方法,不但使材料具有很好的稳定性,其制作工艺还特别简单——只要在一根碳管上制备两种不同类型的金属接触电极,便可形成一个基本的器件单元。此外,他们还通过选择碳纳米管的直径来选择性地吸收不同波长的太阳光,可谓匠心独运。

高分辨率单分子拉曼成像

开辟分子识别新天地

2013年6月6日,《自然》杂志报道,中国科学家在国际上首次实现了亚纳米分辨率的单分子光学拉曼成像,将具有化学识别能力的空间成像分辨率提高到前所未有的0.5纳米,从而能识别出分子的内部结构和表面吸附物。《自然》杂志的三位审稿人分别盛赞该研究“打破了所有纪录,是该领域创建以来的最大进展”,“是该领域迄今质量最高的顶级工作,开辟了一片新天地”。“是一项重大进展,巧妙结合了实验观测与理论模拟”等。

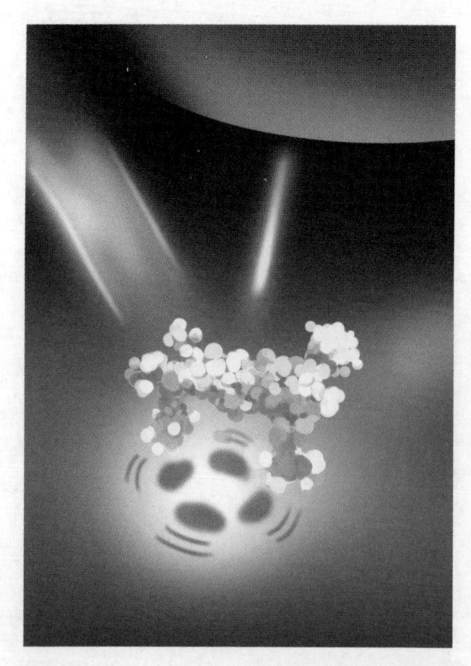

图74 高分辨率单分子拉曼成像艺术图

中国科学家取得的这项成果是什么意思呢?原来,分子一般都非常小,尺寸为1纳米左右,相当一根头发丝直径的六万分之一。如此微小的尺寸,连最精细的光学显微镜都无能为力。如何在纳米,甚至是亚纳米的尺寸上实现分子成像并识别分子的化学信息,从而帮助人类认知分子结构、了解微观世界,就成了国际科学界持续关注的热点。

中国科学家则在解决这个热点难题方面取得了一次重大突破,巧妙利用了一个名叫“拉曼散射”的诺贝尔奖成果,仅通过识别分子的“指纹”光谱,就识别出了分子本身。

什么是拉曼散射呢? 简单说来,拉曼散射就是指光波在被散射后,频率会发生变化的现象。再仔细点说,当一定频率的激光照射到样品表面时,物质中的分子与光子就会发生能量转移,然后散射出不同频率的光谱。这种频率的变化决定于散射物质的独特性质,甚至可以由此鉴别组成物质的分子种类。因此,拉曼散射光谱又被称为“指纹光谱”,它后来更成了探索分子结构的利器。

拉曼散射的发现过程也很有趣。故事发生在 1921 年,一位生活在海边的年轻人拉曼,正在不断追问一个早已有答案的常识性问题:海水为什么是蓝色的? 其实,早在此前数十年,国际著名物理学家瑞利在成功解释了天空为什么是蓝色的之后,便顺便补充道:深海的蓝色并不是海水的颜色,只不过是天空的蓝色被海水反射所致。虽然所有人都对瑞利的解释深信不疑,但拉曼却偏不信邪,结果真的用事实否定了瑞利,证明了深海本身不但是蓝色的,且比天空的蓝色还蓝! 但这又是为什么呢? 为了回答这个问题,拉曼带着学生苦苦研究了整整八年。起初当然是不断碰壁,直到 3 年后借用了一个“他山石”才总算找到了“攻玉”的大方向,接着又经过了 5 年的艰苦摸索,才最终找到了答案,那就是如今著名的拉曼散射。那块“他山石”是什么呢? 原来,另一位科学家发现了 X 射线散射后的频率变化,将 X 射线换为光线后,拉曼散射就闪亮登场了。

当然,在纳米科学方面,中国科学家的成就绝不仅限于上述的高分辨率单分子拉曼成像,早在 1997 年,中国科学家在纳米电子学方面,准确地说是在纳米超高密度信息存储方面就取得了突破性进展并居于国际领先地位。他们得到的信息存储点阵的点直径仅为 1.3 纳米,比国外的最小存储点直径 10 纳米小了近一个量级, 或者说信息存储的密度提高了一个量级。

说到纳米电子学,它其实是电子学的一个新分支,以纳米尺度材料为基础，重点研究器件的制备和应用，比如，纳米电子元件、电路、集成器件和信息加工等。由于具有量子尺寸效应等量子力学机制，纳米材料和器件中的电子形态具有许多新特征。纳米电子学是当前全球科学界极为重要的研究领域，被广泛认为将在未来数十年取代微电子学，并成为信息技术的主体，它还将对人类的工作和生活产生革命性影响。

氢键观测

年度最佳科学照片

2013 年 11 月 22 日，《科学》杂志报道，中国科学家在国际上首次拍摄到了氢键的照片，实现了氢键的实空间成像，为“氢键的本质”这一化学界争论了 80 多年的问题提供了直观证据。这不仅将人类对微观世界的认识向前推进了一大步，也为原子尺度的相关研究提供了更精确的方法。《科学》杂志的评审人认为该项成果“是一项开拓性的发现，是真正令人惊叹的实验测量”，也是“一项杰出而令人激动的工作，具有深远的意义和价值”。《自然》杂志还将氢键的照片评为“2013 年度科学图片”。

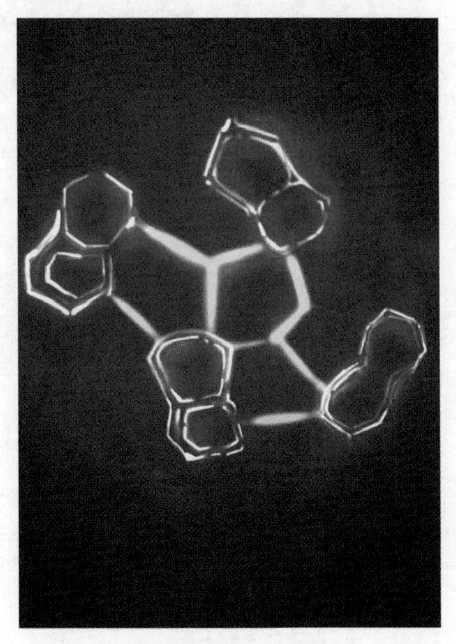

图 75　氢键

什么是氢键呢？氢键是分子间或分子内部的一种特殊作用力，是一种静电作用力。这种作用力的大小与电负性成正比。比如，分子的电负性越大，对电子的吸引力就越强，氢键也就越强。氢键非常重要，它使水在常温下呈液态，使冰浮在水面上，使 DNA“扭”成双螺旋。此外，很多药物的效力也来自于生命体内生物大分子的氢键。因此，氢键的高清照片能帮助科学家理解氢键的本质，进而为控制氢键、利用氢键奠定基础。

氢键对世界的影响表现在很多方面。比如，它可以影响物质的熔沸点，即分子间氢键越强，物质就具有越高的熔沸点；而分子内氢键越弱，物质则具有越低的熔沸点。氢键可以影响物质的溶解性，即溶质分子与溶剂分子之间若有氢键，溶质的溶解度会骤增。相反，溶质分子若有分子内氢键，则在极性溶剂中溶解度会大减；而在非极性溶剂中溶解度会大增。氢键可以影响物质黏度和表面张力，即当物质分子间形成氢键时，黏度就会增大，表面张力也增大，比如，水的表面张力就源于水分子间的氢键。相反，物质的分子内若有氢键，则该物质的黏度反而会减少。氢键可以影响物质的密度，即分子间氢键越大，物质的密度也就越大。氢键还可以影响生命物质，蛋白质、核酸、糖类和脂类等生命物质的氢键一旦被破坏，相应分子的空间结构将发生变化，生物生理功能就会丧失，直至威胁生命。

中国科学家到底凭借了什么“神器”，才最终拍摄出氢键的照片呢？答案就是六个字：原子力显微镜！这种显微镜通过一个微型敏感元件来检测原子间极微弱的相互作用力，并以此测出样品表面结构及性质。具体说来，它将一个对微弱力极端敏感的微悬臂的一端固定，而将另一端的微小针尖与样品表面轻轻接触。这时两端将相互作用，使得微悬臂发生形变。当针尖扫描样品时，利用传感器检测出的悬臂变化，就可获得作用力的分布信息，从而以纳米级分辨率获得表面形貌结构及表面粗糙度等信息。

与过去的各种超级显微镜相比，原子力显微镜具有不少优点，它特别适宜观测生物分子或活性组织。比如，与扫描隧道显微镜相比，它既可以观察导体，也可以观察非导体。与扫描电子显微镜相比，它既能提供二维图像，也能提供三维表面图像；既可在高真空条件下工作，也可在常压下甚至在液体环境下工作；而且还无须对样品进行任何特殊处理。当然，原子力显微镜也有其缺点，那就是它成像范围小、速度慢，并且受探头的影响大等。

根据针尖与观测样品表面之间接触情况的不同，原子力显微镜主要有三种，即接触式、非接触式和敲击式。中国科学家用于拍摄氢键的是非接触式原子力显微镜，它特别适合观测柔嫩物体，因为悬臂在距样品表面上方 5~10 纳米处振荡，这样样品既不会被破坏，针尖也不会被污染。

第四章

科技就是生产力

谁都知道科学技术就是生产力,但本章想再次强调:高精尖的科学技术就是高精尖的生产力;前沿的科学技术就是前沿的生产力,是更加强大的生产力。

比如,谁会相信在前沿科技的帮助下,二氧化碳可以变成淀粉,一氧化碳可以变成蛋白质,病毒可以变成疫苗呢?谁会相信生命时针可以逆转,雄性动物可以自己传宗接代,海底深渊可以被实时监控呢?谁会相信全球精度最高的光刻设备会诞生在中国,纳米机器人可以在人体内自由穿梭呢?如果不是每年一度由国内数百名"两院"院士联合评选出的"中国十大科技进展",本章的许多内容也许会被误认为是科幻,因为它们实在太出人意料了。

其实,在过去十年中,我国科学家所取得的重大科技进展还有更多,只是限于篇幅无法逐一罗列而已。但愿本章的这些成果可以激发大家对科学的热爱,从而立志成为伟大的科学家。

新一代超高强度钢材

让金属如虎添翼

2017年4月27日,《自然》杂志报道,中国科学家首次成功研发出了基于共格纳米析出强化方法的新一代超高强度钢材。为此,《自然》杂志专门发表评述文章指出,该研究以完美的超强马氏体钢设计思想,简化的合金元素及析出相强化本质,为研发具有优异的强度、塑性和成本相结合的结构材料提供了新途径。

众所周知,超高强度的钢材在航空航天、交通运输、先进核能以及国防装备等国民经济重要领域都发挥着支撑作用,也是未来轻型化结构设计和安全防护的关键材料。然而,在过去几十年中,高性能超高强度钢材的研究却始终未能突破传统理念,以致难以在产量、规格和分布等方面有所作为,这既降低了材料的塑韧性又严重影响了使用的安全性。此外,昂贵的制备成本也限制了其实际应用,成为困扰高端钢铁工业发展的难题。

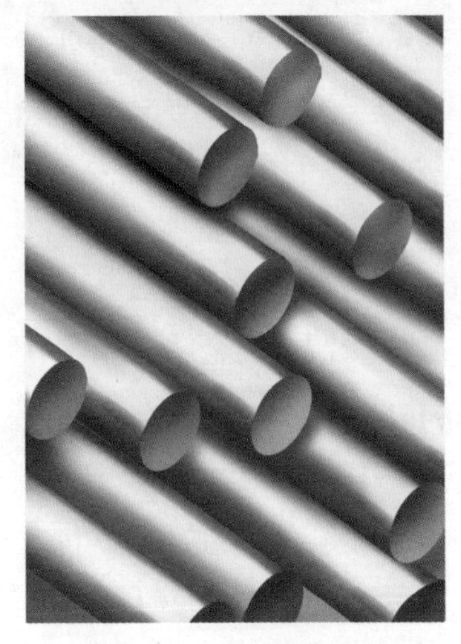

图76　超高强度钢材

如今,中国科学家终于提出了一种强韧化超高强合金的设计新思想,采用轻质、便宜的铝元素替代过去的昂贵元素,不但完成了新一代超高强度钢材的研制,还大幅降低了成本。

中国科学家让金属如虎添翼的成就当然不止上述超高强度钢材。2003年1月31日,《科学》杂志报道,中国科学家在金属表面纳米化方面取得了重大突破。他们采用自主技术,在仅仅300摄氏度的温度下,就成功实现了纯铁块的表面氮化,从而克服了长期以来金属材料表面氮化应用中必须解决的瓶颈问题,使纳米技术在传统产业技术的升级改造中发挥不可估量的作用。

什么是表面氮化呢?表面氮化是一种广泛用于材料表面处理的技术,即在被处理的材料或部件的表面形成一层硬质氮化物以提高表面物理性能,比如,增强耐磨性和耐蚀性等。过去,钢铁的表面氮化处理往往需要在高于500摄氏度的高温下进行,且处理时间在数十小时。如此长时间的高温处理,不仅耗能大,更会使许多材料和工件被退火,从而丧失其原有性能甚至变形。因此,表面氮化技术的应用就受到了极大限制。一直以来,大幅降低氮化温度就是表面氮化技术必须解决的重点和难点,而中国科学家则将表面氮化所需的温度降至300摄氏度。

此外,早在2003年,中国科学家还成功研制出了一种颇具应用前景的金属新纳米材料——全同金属纳米团簇。科学家首次在硅金属的基片上成功种植了铝原子,其大小仅为1.5纳米,而且种植得十分均匀,形成了一种全新的人工两维晶体。该成果有望为微电子或半导体器件的制作开辟新途径,难怪它会在国际材料领域引起强烈反响,包括《科学》《自然》《美国物理评论快报》《英国电子工程》等著名学术刊物,都随之掀起了报道纳米团簇的热潮。另外,该课题组还在各种国际会议上被聘请做了三十余场特邀报告。

所谓全同金属纳米团簇,是指在一种纳米尺度的金属膜上整齐而有序地镶嵌另一种金属的原子,如同在田间按照严格而精确的尺寸播撒种子一样。由于纳米尺度极其细微,这样的新物质一旦被制造出来就会表现出全新的物理性质,可用于制造具有不同功能的材料。比如,某物质可能本来没有磁性,但若在其纳米尺度上镶入另一种物质的原子后,就可能会产生磁性了。

高温金属玻璃

颠覆三观的金属材料

2019 年 5 月 1 日,《自然》杂志报道,中国科学家首次研制出了高温金属玻璃,其融化温度高达 889 摄氏度,创造了新的世界纪录。另外,该金属玻璃在高温下具有极高强度,比如当温度在约 700 摄氏度时,其强度仍高达 3700 兆帕, 远远超出了此前国际上已知的其他金属玻璃。此外,该金属玻璃的研制方法还具有很强的实用性,颠覆了该领域 60 年来的传统模式, 证实了材料基因工程在新材料研发中的有效性和高效性,为解决金属玻璃的更多难题开辟了新途径,也为新型高温、高性能合金材料的设计提供了新思路。

什么是金属玻璃呢? 直观地说,金属玻璃就是外观像玻璃,本质更像金属的特殊材料。它既保留了金属和玻璃的优点,又克服了两者的缺点。比如,它不再易碎,甚至是敲不碎、砸不烂的“玻璃之王”;它具有很好的延展性,其强度高于钢,硬度超过高硬工具钢。当然,严格来说,金属玻璃既不是金属,也不是玻璃。因为,大多数金属熔液冷却后都会结晶,而金属玻璃不是结晶体,所以它不是金属;普通金属容易变形或弯曲,而金属玻璃在变形后更容易弹回至它的初始形状;普通金属很容易磁化,而金属玻璃则会因为缺乏结晶而影响其磁性。另一方面, 它也不是玻璃,比如,它不透明或不发脆,其罕见的原子结构使它们具有奇怪的机械和磁力特性。

金属玻璃的历史可追溯到 20 世纪 30 年代,那时,人们首次制备出了金属玻璃；到了1950年，冶金学家又在金属玻璃中混入了镍和锆等，使得金属玻璃显出了一定的结晶性；1960年，科学家们又发明了金属玻璃的急冷制备法，即让合金薄层的温度以100摄氏度每秒的速率冷却，从而形成金属玻璃。用铁制造的金属玻璃具有很好的磁性，而且它们加热后还会变得柔软，更容易铸造成不同形状。2007年，中国科学家开发出了室温下具有超大压缩塑性的金属玻璃，它们可以像纯铜和纯铝一样弯曲成一定的形状。

但是，以往普通的金属玻璃在接近玻璃的熔化温度时会发生塑性流动(类似于变形)，导致其机械强度显著降低，这就严重限制了它们在高温条件下的应用。而中国科学家成功研制的高温金属玻璃刚好弥补了这一缺陷。高温金属玻璃用处很多，除了作为高速发动机的零部件材料之外，其典型的军事用途之一就是制作穿甲弹，因为金属穿甲弹的刚性不够，遭受极端冲击后很容易变形，从而影响其穿透能力。

除了上述高温金属玻璃外，中国科学家在金属材料研究中还取得了许多其他重大成就。2000年，中国科学家在全球首次观察到了纳米金属材料具备的一种奇异性能，即其在室温下的超塑延展性，这标志着人类对纳米材料的认识又上了一个新台阶。该成果一经《科学》杂志发表，就立即引起了国际同行的普遍好评。纳米材料鼻祖格莱特教授认为，这项工作是本领域的一次重大突破，首次展示了无空隙纳米材料的变形过程。

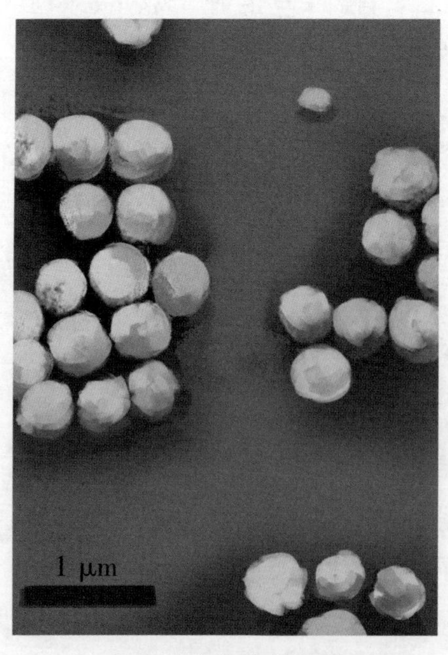

图77　纳米金属材料

原来，传统金属在加工过程中很容易出现裂纹甚至发生断裂。如何使金属具有可承受严重塑性变形而不至断裂的超塑性,便成为各国科学家面临的一道难题。早在此前十年,格莱特教授就曾预言:若能将金属材料的晶粒尺寸减小到纳米量级,材料在室温下就能具备很好的塑性变形能力。多年来,尽管该预言得到了计算机模拟结果的肯定,但各国科学家的实验结果始终令人失望,由于孔隙大、密度小和被污染等因素,绝大多数纳米金属在冷轧中都出现了裂纹。直到中国科学家的这项成果诞生,人类才最终证实了该预言。

二氧化碳变成淀粉

学习植物好榜样

二氧化碳能变成淀粉吗？当然能，而且太简单了！君不见，水稻、小麦和玉米等几乎所有粮食作物，都是将二氧化碳变为淀粉的高手！但是，植物将二氧化碳变为淀粉的方法，都是依赖光合作用的天然方法。那么，是否有某种人工方法也能将二氧化碳变为淀粉呢？当然有！

实际上，长期以来，国内外科研人员一直在努力改进光合作用这一生命过程，希望提高二氧化碳的转化速率和光能的利用效率，最终提升淀粉的生产效率，但始终进展缓慢。2021年9月24日，《科学》杂志报道，中国科学家在淀粉的人工合成方面取得了重大突破。他们提出了一种颠覆性的淀粉制备方法，在不依赖植物光合作用的情况下，仅以二氧化碳和氢气为原料，就成功生产出了淀粉，而且其合成速率是玉米淀粉合成速率的8.5倍。这一制备方法在国际上首次实现了从二氧化碳到淀粉的直接合成，使淀粉生产的大规模工业化成为可能。待到该成果被进一步优化和推广后，将节约90%以上的耕地和淡水资源，从而避免农药、化肥等对环境的负面影响，提高粮食安全水平，促进碳中和的生物经济发展，推动形成可持续发展的生物社会。

同样也是在2021年，中国科学家在设计自然和超越自然方面，还迈出了另一大步，在全球首次实现了从一氧化碳到蛋白质的规模化合成，并已形成万吨级工业产能，而且在工业化条件下的合成率高达85%。这不但突破了天然蛋白质植物合成的时空限制，还实质性地推进了长期以来被国际学术界认为是影响人类文明发展和对生命现象认知的革命性前沿科学技术，更为确保我国的国家安全提供了一大利器。比如，若以该方法生产1000万吨蛋白质，就相当于获得了2800万吨大豆的蛋白质含量，从而为“不与人争粮、不与粮争地”开辟了一条低成本的非传统动植物资源生产新途径，还能减排二氧化碳2.5亿吨。这种方法既节约了资源，又增加了能源，还保护了环境，真可谓一举多得。

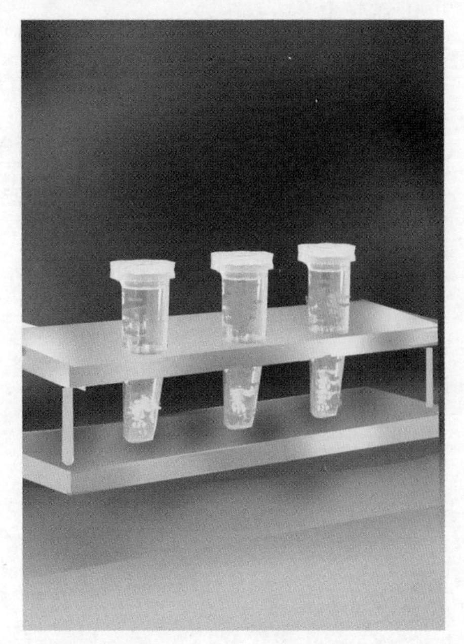

图78 人工合成淀粉

中国科学家将含一氧化碳、二氧化碳、工业尾气和氨水等的废料作为主要原料，“无中生有”地制造出新型蛋白资源——乙醇梭菌蛋白，实现了氮和碳从无机到有机的神奇转变，完成了从0到1的创新。中国科学家到底是如何创造这一奇迹的呢？简单说来，他们找到了一个听话的得力助手——适当的微生物。正是在微生物的帮助下，科学家利用发酵过程将一氧化碳变成了蛋白质。

无独有偶，早在2000年，中国科学家就成功研究出了天然产氢菌群，只需利用碳水化合物的有机废水，就能通过生物发酵来制造氢气。中国科学家在世界上首次完成了生物制氢的中试研究，使人类获得了一种新的可再生洁净能源的妙法。基于这种方法，在一个容积为50立方米的容器中，让含糖或植物纤维的废水发酵后，每天就能产生约280立方米的氢气，由此可见，工业化生产的条件也已经具备了。更重要的是，经此处理后，还可使含糖污水逐步净化变清，既环保又获得了新能量，可谓是一举两得。难怪国内外同行对该成果给予了高度评价。

上述几项成就的战略价值一目了然，今后人类不但能从废物中获取粮食,还能像种庄稼一样“种出”新能源。比如,先将一氧化碳变成蛋白质或将二氧化碳变成淀粉,然后再将这些碳水化合物转化成氢气。看来,也许今后人类的生活将会发生质的变化。

自身免疫疾病治疗

古为今用新突破

中医治病的基本思路是充分发挥人体自身的能动性，即用外物来诱发自身的免疫反应，从而战胜相关疾病。但说起来容易，做起来很难！经过几千年的不断探索，前人虽然发现了许多滋补身体的中药，它们的确能在一定程度上增强自身免疫力，但外物到底是如何诱发自身产生免疫反应的呢？这一直是一个谜。直到 2013 年，人类才在破解该谜底方面有所进展，即发现了细胞内的一种病毒感受器，它能帮助人体启动免疫系统。2019 年，中国科学家又进一步发现了控制该感受器的更深层次规律，从而提出了一类新的疾病治疗方案，或者说是基于自身免疫特性的疾病治疗方案。

什么是自身免疫呢？原来，病毒的种类成千上万，其感染特点和致病方式也千差万别。但是，始终万变不离其宗的是，当病毒入侵时，其自身的遗传物质会不可避免地进入宿主的细胞中。于是，宿主机体就会针对这些外物迅速做出反应，甚至不惜以伤及自身为代价，这就是人类感染病毒后可能引发致死性炎症的主要原因。因此，若能充分利用外物来激发自身的免疫性，就能有效避免病毒入侵，从而为自身免疫疾病提供潜在的治疗方案。

在上述基于自身免疫特性的疾病治疗方案提出之前，中国科学家已经在某些特殊病例中取得了重大进展。众所周知，癌症已成为人类的第一杀手，而它也是一种典型的与免疫性相关的疾病。克服癌症的思路之

图 79　病毒入侵人体细胞

一，便是先从自然界中分离出具有抗癌活性的物质，然后再想办法实现相关抗癌药物的人工合成。1992 年，人们就从南非的虎眼万年青中分离出了一种高活性抗癌物——皂苷类化合物。但如何才能大量获取这种物质呢？若仅依靠自然分离法，不但难度大、成本高，还产量低。为此，全球科学家展开了长期艰苦的探索，却始终未能成功。

直到 2000 年，中国科学家在实验室中一次性地合成 20 多毫克的皂苷类化合物，这为癌症患者带来了福音，让人类看见了新的希望。

但愿人类能在此基础上，再接再厉，一方面改进人工合成的相关工艺，大幅提高产量；另一方面，进一步改造这种虎眼万年青皂苷的分子结构，使它具有更好的抗癌性。总之，希望这种抗癌药物能早日上市，拯救生命。

在更早一些时候，中国科学家还基于自身免疫特性，在乙脑的治疗方面取得了另一项重大突破。众所周知，流行性乙型脑炎（简称“乙脑”）是一种严重的以中枢神经系统损伤为主要表现的急性病毒性传染病，主要流行于东南亚地区，病死率高，后遗症严重。因此，研究乙脑特异性治疗方法就成为医学界的重要课题。1997 年，中国科学家在国际上首次利用单克隆抗体技术，对 345 例乙脑患者进行治疗，效果明显。这不但为急性病毒性疾病的治疗开辟了一条新途径，还为单克隆抗体在我国全面应用于临床治疗前如何做实验准备提供了范例，在军事上也有重要的实用价值。

经过多年的不懈努力，中国科学家终于取得了世界领先的成果。实践表明，中国科学家发明的单克隆抗体在退热、止惊、改善意识、减少恢复期症状、提高治愈率和降低病死率等方面均有明显疗效。

造血干细胞体内归巢全过程

造血奥秘新发现

提起造血干细胞,即使你不知道它的医学细节,肯定也听说过它的大名。其实,顾名思义,造血干细胞就是所有血液细胞之源,也是各种免疫细胞之源,甚至还是各种髓细胞和淋巴细胞之源,因为所有这些细胞都是由它发育而来的。

造血干细胞是从哪里来的呢?它来源于发育中的胚胎。准确地说,当受精卵开始分化为胚胎时,也就开始了造血干细胞的分化。在胚胎发育的第 15 周,胎肝的造血能力逐渐上升,脾脏约在第 3 个月开始参与造血,胸腺淋巴结也在胚胎的第 4 个月开始参与造血。从妊娠第 9~12 周开始到第 7 个月时,骨髓腔就逐渐充满了富含造血干细胞的红骨髓,从此,骨髓就成为主要的造血器官。

造血干细胞的主要功能至少有三个:

一是造血功能,即当机体完全失去造血功能后,只要还有造血干细胞,或只要从别人那里安全移植了造血干细胞,那么这个机体就可能恢复造血功能并维持永久性的正常造血。

二是高度的自我更新和自我维持功能,即它虽然不能自我扩增,但它的子代细胞却能继续保持造血干细胞的全部特性。99.5%的造血干细胞不进行 DNA 的合成和有丝分裂,它们只是静静地待在那里。

三是像识途老马一样的"归巢"功能,即它既可以"离家"外出游荡,也

图 80　造血干细胞

可以再找到并定居于适合自己生存的微环境中。

人们早已知道，造血干细胞可通过增殖分化产生红细胞、白细胞等所有血液细胞，所以在临床上，造血干细胞被广泛应用于血液系统疾病、免疫疾病和肿瘤等的治疗中。但人们也已发现，只有那些归巢的造血干细胞才能实现自我更新，重建整个血液系统。可惜，归巢在体内是如何发生的，归巢的微环境又是什么，这些问题都是国际公认的难题。

2018 年 11 月 20 日，《自然》杂志报道，经过不懈探究，中国科学家终于解决了这一难题，在国际上首次解析出了体内造血干细胞归巢的完整动态过程。中国科学家巧妙地采用可变色荧光蛋白建立了造血干细胞标记系统和长时程活体追踪方案，生动呈现了归巢的全过程。经过大量的统计分析，他们不但发现了归巢的时空规律，还首次揭示了归巢微环境的独特微血管结构，更意外发现了一种全新的微环境细胞，为提高造血干细胞移植开创了新思路，也为增强人体自身的供血功能做出了贡献。

在解决医用供血难题方面，除了充分发挥造血干细胞的作用之外，中国科学家还另辟蹊径，取得了举世瞩目的成就。1999 年 11 月 22 日，中国科学家宣布，在人类血液代用品的研究方面取得了突破性进展，以动物血红蛋白为基质，成功转化出了安全有效的人类血液代用品。该成果不但拥有完全自主知识产权，还达到国际同类研究的先进水平。

众所周知，临床血源日益紧缺和血液交叉感染是一个世界性难题。如何寻求安全有效的血液代用品，已成为国际医药生物技术领域的研究热点,发达国家更是将其列为21世纪的重大课题。

中国科学家在人类血液代用品研制方面的成功，有助于缓解血源短缺的困难,避免血液污染和交叉感染,免除配血型及输血反应的困扰。此外,由于这种人造血液还具有储存期长、使用简捷和便于运输等优点,它还将大大提高急救输血的应急能力,具有重要的应用价值。

第三代全磁悬浮人工心脏

我的中国心

心脏病是人类的第二大杀手。当患者的心脏无法继续维持血液循环时，除了移植供体的健康心脏外，还有一个重要的方法，那就是启用人工心脏。2015 年，我国研制出了全球最小的第三代全磁悬浮式人工心脏，其重量不足 180 克，只有乒乓球大小。该成果填补了国内空白，为晚期心力衰竭患者带来了希望。研究者通过 37 例大动物实验，进一步优化了设备的抗凝性、血液相容性、抗电磁干扰性、手术易操作性和测温能力等。

2017 年 6 月，该设备按国家要求完成 6 例存活 60 天大动物报备实验，接着便开始临床试验，并取得初步成果。2017 年 6 月 26 日，北京阜外医院用该设备救治了第 3 例危重患者。患者术后第 2 天清醒，第 3 天坐起进食，第 4 天开始下地活动。在完成了一系列恢复性治疗和训练后，再经过对设备的反复调试，患者带着人工心脏走出医院，回归了正常生活。2021 年 11 月，我国首个拥有完备自主知识产权的全磁悬浮式人工心脏获得批准正式上市，这标志着我国人工心脏研究进入了新阶段。

人工心脏，顾名思义，就是人工制作的心脏，它将在解剖学和生理学意义上代替自然心脏。它是一种使用机械或生物机械手段为人体供血的辅助装置，既可用于帮助患者恢复心脏功能，也可用于帮助患者过渡到心脏移植阶段，延续患者生命和提高其生活质量。

人工心脏可分为辅助人工心脏和完全人工心脏。前者又可进一步细分,按辅助对象分类,可分为左心室辅助、右心室辅助和双心室辅助;按辅助时间的长短分类,可分为2周之内的暂时性辅助和2年左右的永久性辅助。后者又可进一步细分为永久性的完全人工心脏,以及暂时性的完全人工心脏,用来辅助患者等待合适供体的心脏移植。

自20世纪30年代起,人类就开始研制人工血泵,并在1953年发明了人工心肺机,由此拉开了人工心脏的序幕。1958年,日、德两国设立了人工心脏研究中心;1964年,人工心脏成功地使小牛存活了24小时;1966年,人工心脏开始用于临床,以辅助心外科手术;1969年,使用人工心脏的动物打破了40天的生存纪录,该纪录在1970年又被延长至100天;1973年以后,人工心脏的动物实验进展迅速,使用人工心脏的动物不但成活率飙升,生存时间也猛增——1976年增至122天,1980年增至288天,1997年增至864天。1982年,一位患者借助完全人工心脏存活了112天;2001年,人工心脏首次被植入人类患者体内,并成功地将患者生命延长了5个多月。至今,人工心脏已历经了三代产品。第一代产品重点模拟自然心脏的收缩与舒张,打造以搏动性血流为特点的循环辅助装置。第一代人工心脏的结构很复杂,体积也庞大,手术难度相当高,还容易发生机械故障或形成血栓。

图81 磁悬浮示意图

第二代产品主要以离心泵或轴流泵来驱动血流,并以此满足机体所需血液的灌注量。第二代产品的体积明显减小,耐久性明显延长,患者的生活质量明显提高,因此在相当长的时间内都被广泛应用于临床，成为心脏手术的首选。

第三代产品专注于减少血栓，采用包括完全液力悬浮、完全磁悬浮和液磁双悬浮的驱动方式。中国科学家后来居上研制的第三代人工心脏体积更小，性能更优，将是今后的重点发展方向。

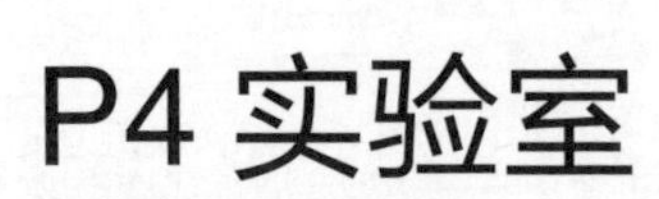

P4 实验室

病毒研究领域的“航空母舰”

2018 年 1 月 5 日，中国首个具有国际先进水平的国家生物安全四级实验室（简称“P4 实验室”）正式运行了。该实验室成为构建我国公共卫生防御体系的重要环节，也成为国内外传染病防控基础与应用研究不可或缺的技术平台。从此，我国科学家终于能在自己的实验室里，研究包括埃博拉、尼巴病毒等在内的十分危险的病原体了。那么，什么是 P4 实验室呢？

图 82　P4 实验室

传染病的传染性和危害性各不相同，80%的传染源都是病毒，所以传染源的危害等级可分为四级：第一级，与成人健康和疾病无关的病毒，比如，麻疹和腮腺炎病毒；第二级，很少在人群中引起严重疾病，即使引发了相关疾病，也已有成熟预防方法的病毒，比如，流感病毒等；第三级，虽然会在人群中引起严重或致死的疾病，但可能已有预防方法的病毒，或传染性不强的病毒，比如，疽芽孢杆菌、鼠疫杆菌、结核分枝杆菌和狂犬病毒；第四级，不但会在人群中引起严重或致死的疾病，而且这些疾病还通常难以预防和治疗，比如，炭疽杆菌、霍乱弧菌、埃博拉病毒和天花病毒等。

于是，根据传染病的传染性和危害性，以及传染病研究实验室生物安全环境的不同，国际卫生组织就将传染病实验室分为P1、P2、P3和P4四个生物安全等级。其中，P1实验室基本不需要特别的安全设施，一般按照高中实验教学的微生物操作标准进行试验就行了；P2实验室的人员均需接受病源处理方面的特殊培训，并且在进行实验时需由持证者指导；P3实验室主要适用于通过呼吸途径传染严重或致死病毒的研究，它的重点在于防止病毒的吸入；P4实验室是专门用于烈性传染病研究的大型装置，也被称为病毒研究领域的“航空母舰”。P4实验室的生物安全等级最高，可有效阻止通过气溶胶途径传播或传播途径不明的传染性病原体释放到环境中，为研究人员提供安全保证。比如，从外星球带回的物品就需在P4实验室中展开研究，近几年流行的新型冠状病毒也必须在P4实验室中进行研究，所以P4实验室也被称为“魔鬼实验室”。

进入P4实验室的人员必须身穿隔离正压防护服。这种防护服的头部是透明的充气罩，下端连接着一条呼吸带，呼吸带的另一端悬挂连接在屋顶管道上，以保证相关人员在防护服内进行循环呼吸，且不与室内空气发生任何接触。离开实验室时，所有人员的正压防护服表面都必须经过化学淋浴消毒。

中国的P4实验室都有什么功能呢?概括说来，它主要有三大功能：第一，它是我国传染病预防与控制的研究和开发中心；第二，它是烈性病原的保藏中心；第三，它是联合国烈性传染病参考实验室。总之，它在国家公共卫生应急反应体系和生物防范体系中发挥核心作用。

人类为什么要建设生物安全级别如此之高的P4实验室呢?

在历史上，人类被各种病毒折磨得太惨了。早在16—18世纪，每年死于天花的人数至少有130万人。幸好，天花现在已基本被根除，它也是人类至今消灭的唯一病毒。鼠疫曾在14世纪肆虐全球，造成7500万人的死亡。1918—1919 年间，西班牙流感造成了全球约 10 亿人感染，其中约4000 万人死亡。埃博拉病毒是史上致死率最高的病毒，死亡率高达50%~90%。据不完全统计，侵扰哺乳动物的病毒至少有 32 万种。因此，人类必须建设绝对安全的实验室环境，并在该环境中尽快征服各种病毒。

将病毒转化为疫苗及治疗药物

借力打力的绝招

众所周知,流行性感冒、传染性非典型肺炎、艾滋病和埃博拉出血热等致命传染病及其周期性的暴发,随时都危害着人类健康。其幕后黑手便是结构多样、功能复杂且变异快速的各类病毒,而疫苗则是预防病毒感染的有效手段。但当前使用的疫苗有很多不尽如人意的地方,比如,或因疫苗病毒灭活导致其免疫性和安全性降低,或因疫苗制备工艺复杂而不通用,或因病毒突变而导致疫苗免疫失效等。

2016 年 12 月 2 日,《科学》杂志报道,中国科学家发明了一种人工控制病毒复制的方法,它在保留了病毒的完整结构和感染力的情况下,竟能使病毒由致命性传染源变为预防性疫苗及治疗药物。这不正是传说中的借力打力!难怪业界认为它颠覆了病毒疫苗研发的理念,是活病毒疫苗的重大突破,因为这种四两拨千斤的做法不仅简化了疫苗研发过程,还摆脱了对病毒生物学知识的过度依赖,并且适用于许多病毒。

控制传染病的最主要手段就是预防,而最行之有效的预防措施就是接种相应的疫苗,所以疫苗研发具有重要意义。人类历史上最成功的疫苗当数牛痘疫苗,因为该疫苗彻底消灭了威胁人类几百年的天花病毒,这是被人类灭绝的第一个——也是唯一的病毒。

什么是疫苗,疫苗又是如何消灭病毒的呢?疫苗是一种预防传染病的自动免疫制剂。在对病毒及其代谢物进行人工减毒或灭活处理后,疫苗保留了原病毒刺激机体免疫系统的特性，所以，当机体预先接触到这种已被人工处理且已不具杀伤力的病毒后，免疫系统就会产生免疫激素等保护性物质或特殊抗体。于是，当后来机体再次接触到这种病毒后，免疫系统便会依循其原有的记忆，制造更多的保护物质来阻止病毒的伤害。

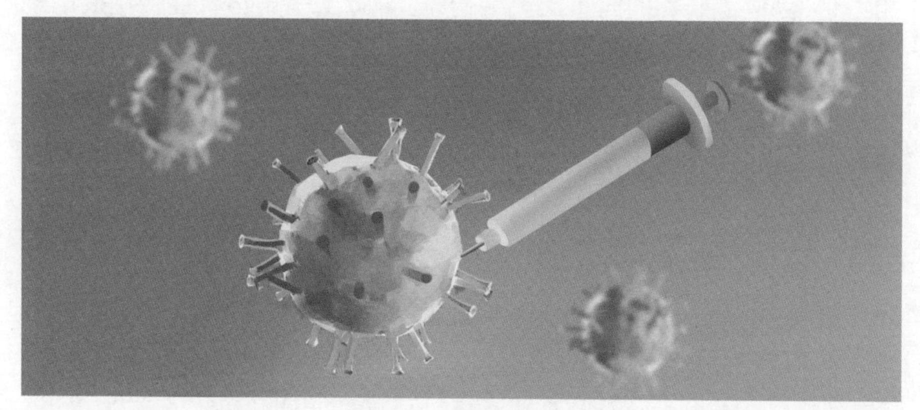

图 83　病毒与疫苗

疫苗的种类很多，按剂型可分为液体疫苗和冻干疫苗，按成分可分为普通疫苗和提纯疫苗，按品种可分为单价疫苗和多价疫苗，按使用方法可分为注射疫苗、划痕疫苗、口服疫苗和喷雾疫苗等。

不过，疫苗的更实质性分类主要有以下两种：一是减毒疫苗，二是灭活疫苗。其中，减毒疫苗指已采取适当办法最大限度地减弱了病毒的致病性，但仍保留了一定的剩余毒力、免疫性及繁殖能力等的疫苗。虽然它保留了病毒（或细菌）复制和引发免疫性的能力，但不会致病。减毒疫苗一般只需接种一次，且用量较小，可以巩固人体免疫效果，而且维持时间长。但减毒疫苗须在低温条件下保存及运输，有效期相对较短，存在毒力返祖的风险。

灭活疫苗指已采取适当办法消灭了病毒的活性，使之完全丧失了原有的致病能力，但仍保存相应的免疫能力的疫苗。灭活疫苗既可由整个病毒或细菌组成，也可由它们的裂解片断组成。灭活疫苗的免疫效果相对较差，维持时间较短，但比较稳定且易于保存。

中国科学家将病毒转化为疫苗的新妙招都有什么优势呢？它与传统疫苗相比又有什么本质区别呢？形象地说，新妙招获得的疫苗比减毒疫苗更安全，又比灭活疫苗更有效，它占尽了现有疫苗的主要优势。更为重要的是，新妙招打破了既有的传统思路，既剔除了病毒在人体内的复制能力，又保留了病毒的完整天然结构，还将野生型病毒直接转化成了疫苗，更具有罕见的简捷性。一般来说，无论是什么病毒，只要我们能获得该病毒的基因且该病毒可以在某种细胞内复制，就可以使用该新妙招，最终将该病毒转化成疫苗。

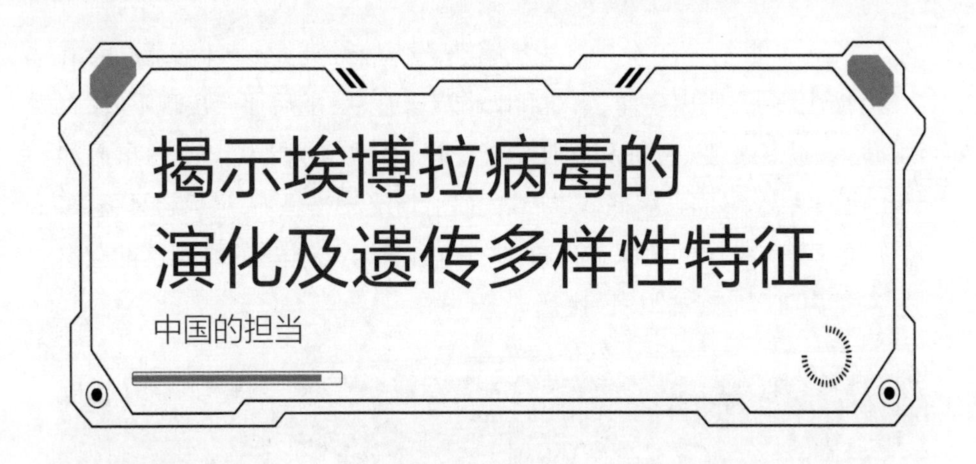

揭示埃博拉病毒的演化及遗传多样性特征

中国的担当

2015 年 8 月 6 日,《自然》杂志报道,中国科学家及时揭示了 2014 年初在西非暴发的埃博拉病毒的演化及遗传多样性特征,特别是还发现了这次埃博拉病毒的变异速率与上一次十分接近这一情况,于是在当年 9 月就成功研制出了埃博拉病毒检测试剂盒,并且将它及时用于塞拉利昂共和国的病毒检测任务。2016 年 12 月 28 日,我国又成功研发出了重组埃博拉疫苗,并在塞拉利昂共和国的 500 例临床试验中取得了理想疗效。这些成果及时地让人类了解埃博拉病毒的演化特点,消除了国际社会对埃博拉病毒快速变异的担忧。同时,中国科学家检测了大量临床样本,获得了 175 株埃博拉病毒的全长基因组测序数据,为今后研发埃博拉病毒疫苗和治疗方案提供数据支持。

埃博拉病毒是一种罕见病毒,于 1976 年在苏丹南部和刚果(金)的埃博拉河地区首次出现,它在很短的时间内疯狂蔓延到埃博拉河沿岸的 55 个村庄,致使生灵涂炭,甚至有的家庭无一幸免,埃博拉病毒也因此而得名。时隔 3 年后,埃博拉病毒于 1979 年再次肆虐了苏丹,一时尸横遍野。经过这两次暴发后,埃博拉病毒神秘消失了 15 年。但是,进入 21 世纪以后,它又开始活跃,并相继暴发了 14 次之多。

埃博拉病毒是一种能够引起人类和其他灵长类动物产生致命的病毒性出血热的烈性传染性病毒,它具有一定的耐热性,即使是在 60 摄氏度的高温下，也能存活60分钟。一旦感染，发病非常迅急，感染者起初会有发热、极度虚弱、肌肉疼痛、头痛和咽喉痛等症状，随后便会出现呕吐、腹泻、皮疹、肤色改变、肾脏和肝脏功能受损，某些情况下更会有内出血和外出血的情况。而且这种病毒导致的出血情况相当恐怖，远远超过“七窍流血”的程度，身体上的所有孔洞，甚至包括不小心扎出的小伤口都会出血，直至内脏器官全部坏死、糜烂。

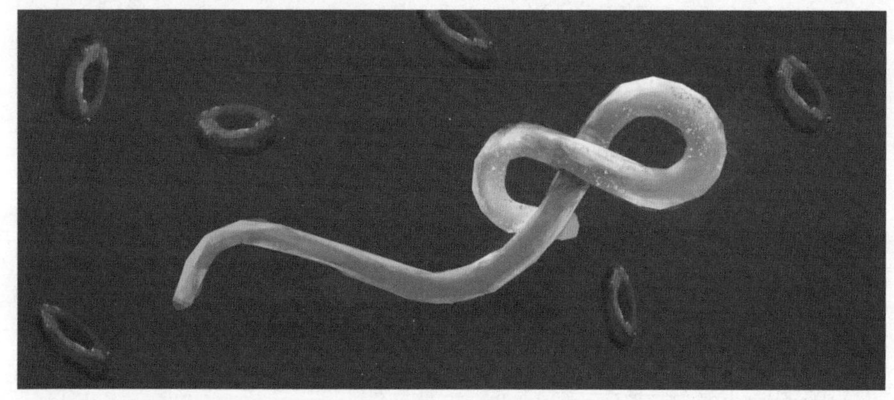

图84　埃博拉病毒

埃博拉病毒的致死率是50%~90%，远远高于致死率为2%~3%的新型冠状病毒，这不但是因为它引发的病情很急，还因为人类对它所知实在太少，更不知道该如何医治。埃博拉病毒的致死原因主要为中风、心肌梗死、低血容量休克或多发性器官衰竭，形象地说，是患者的血已经流干了，或患者把自己“融化”掉了。埃博拉病毒一旦入侵人体，医学治疗的速度就很难赶上病毒攻击的速度，患者甚至可能在24小时内就会死亡，因此它的生物安全等级达到最高级别——4级，病毒潜伏期为2~21天，但通常只有5~10天。

埃博拉病毒到底是从哪来的呢？对此目前尚无定论，但有人怀疑其原始宿主是非洲的一种蝙蝠。除了人类之外，埃博拉病毒的感染对象还包括许多哺乳动物，比如猴子、羚羊、豪猪、大猩猩和黑猩猩等。无论是人群之间或是人与动物之间，埃博拉病毒的感染途径都主要是接触性传染，即接触了被感染者的血液、唾液、汗水、分泌物、器官或其他体液等。因此，对使用过的注射器、针头、穿刺针、插管等均应彻底消毒，最可靠的是使用长时间的高压蒸气消毒。

在患病的早期阶段，埃博拉病毒的传染性可能并不很强，甚至在此期间的密接者都不会被感染。但随着疾病的快速发展，特别是随着患者因腹泻、呕吐和出血所排体液的增多，其传染性和危险性便迅速增加。如果疫区正好缺乏适当的医疗设备和卫生训练，疫情就很可能大规模流行。为了避免这种情况的发生，就更应该重视控制疾病的仅有措施——隔离患者，禁止共享针头，务必使用一次性口罩、手套、护目镜和防护服等。

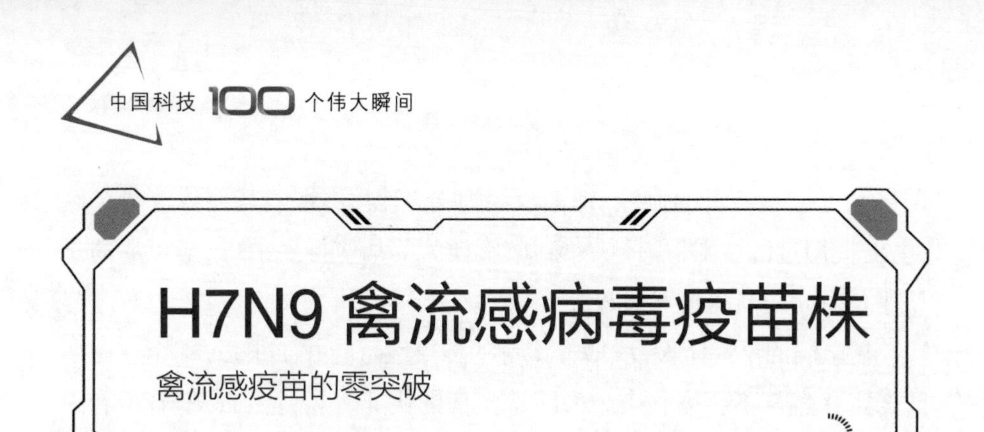

H7N9 禽流感病毒疫苗株

禽流感疫苗的零突破

2013 年 5 月和 7 月,《科学》杂志连续报道了我国多个科学家团队的最新研究成果,即解析出了禽流感病毒的机制和传播可能性,以及成功研发出了 H7N9 禽流感病毒疫苗株。这是我国自主研发的首例流感病毒疫苗株,它改变了我国一直以来流感疫苗株依赖国外进口的历史,更为及时应对新型流感疫情提供了有力的技术支撑,为全球控制 H7N9 禽流感疫情做出了重大贡献。

检测结果显示,我国科学家研发的病毒疫苗株的致病性,较野生型 H7N9 毒株显著下降,各项基数指标均符合流感病毒疫苗株的要求。这意味着该病毒株已经可以供给相关厂家及时批量生产,以便在抗疫活动中发挥关键作用。

这次快速而有效的应急反应充分体现了中国实力。仅仅在此前几个月,即 2013 年 3 月,我国首次发现了人感染 H7N9 禽流感病毒的病例,随即就展开了一场大规模的病毒阻击战。截至 2013 年 5 月 31 日应急响应终止时,国内共报告 131 例确诊病例,其中康复 78 人,在院治疗 14 人,死亡 39 人。

什么是 H7N9 禽流感病毒呢?H7N9 禽流感病毒是众多甲型流感病毒中的一种。在一般情况下,流感病毒表面的主要抗原结构可分为两大类:一是 H,即血凝素;二是 N,即神经氨酸酶。根据不同 H 与 N 的组合,目前已被确认的能感染人的禽流感病毒主要有 H5N1、H9N2、H7N2、H7N3 和新近发现的 H7N9。

H7N9 病毒能在人际间传播吗？虽然目前暂未发现 H7N9 禽流感病毒的人际传播证据，但也切不可掉以轻心，因为已发现了一些家庭聚集型病例，这表示如果在毫无防护措施的情况下保持长期密切接触，也很有可能增加人际传播的风险。另外，H7N9 禽流感病毒与所有其他甲型流感病毒一样，也很容易发生变异。这就为新型流感病毒的形成和传播创造了条件，特别是一旦出现了禽流感病毒与人类流感病毒的重配毒株，它就很有可能成为新的流感大流行病源。实际上，历史上类似的教训还真不少，比如，1918 年流感大流行的直接原因，可能就是纯禽流感病毒的变异；另外，1957 年和 1968 年的两次流感大流行，也都是源于人流感病毒与禽流感病毒的联合攻击。

图 85　H7N9 禽流感病毒

H7N9 禽流感都有哪些临床表现呢？起初，它很像是普通流感，比如，患者会有发热、咳嗽、少痰，还伴有头痛、肌肉酸痛、腹泻等全身症状。但是，3~7 天或长至 10 天的潜伏期之后，重症患者的病情会迅速恶化，体温将超过 39 摄氏度，感染重症肺炎并出现呼吸困难的症状，胸片呈大片状实变且进展较快，出现难以纠正的低氧血症，还伴有咯血等。随后，患者还将出现急性呼吸窘迫综合征、脓毒症、感染性休克，直至多器官功能障碍，部分患者还会出现胸腔积液等症状。儿童患者的病征虽与成人无异，但临床表现相对较轻，重症病例也较少。

另外,在H7N9禽流感的诊断过程中,需要注意避免将它与其他类型的肺炎相混淆,比如季节性流感肺炎、支原体肺炎、细菌性肺炎、腺病毒肺炎和衣原体肺炎等,还需要避免将它与H5N1禽流感及其他禽流感相混淆,更需要避免将它与罕见的非典型肺炎和中东呼吸综合征等相混淆。

如何有效预防H7N9禽流感呢?这就需要政府和公众同心协力。一方面,政府需加强活禽养殖和宰杀场所的监管,规范禽类食品的集中检疫和销售许可;另一方面,公众需稳定心态,不过度恐慌,在生活中注意饮食卫生,合理膳食,增强体质,避免过度劳累,特别是在禽流感的高发季节要尽量避免出入活禽市场。

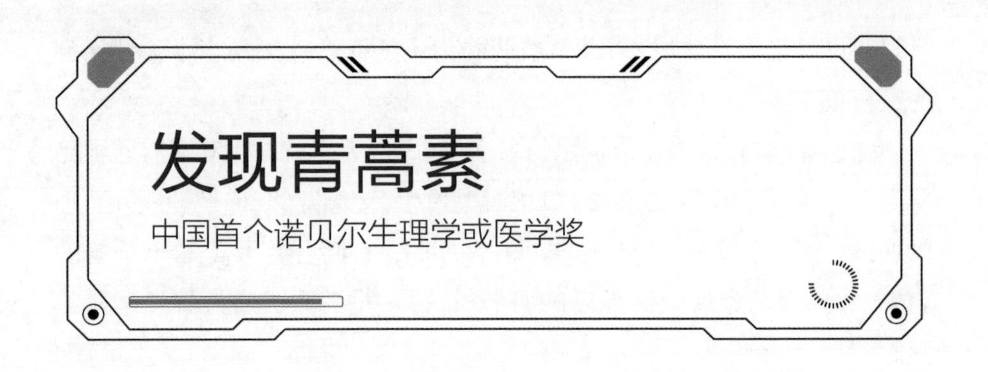

发现青蒿素

中国首个诺贝尔生理学或医学奖

2015 年 10 月 5 日，一则惊人的消息从瑞士斯德哥尔摩传回中国：时年 85 岁高龄的中国女科学家屠呦呦，因为发现了青蒿素而喜获诺贝尔生理学或医学奖！一时间，国内舆论哗然！谁是屠呦呦？什么是青蒿素？屠呦呦又是如何发现青蒿素的？反正，大家在高兴之余充满了疑问，而且疑问一个接着一个，大有打破砂锅问到底之势。

要说青蒿素，就得先说一个听起来就很恐怖的古老疾病——疟疾。为了战胜这个曾经夺走了不知多少人性命的疾病，几百年来，科学家们可谓是绞尽脑汁。早在 1631 年，一位意大利传教士就从南美洲的秘鲁人那里获得了一种可适当缓解疟疾症状的草药——金鸡纳树皮；1820 年，法国科学家从金鸡纳树皮中分离出了治疗疟疾的有效成分——奎宁；1944 年，美国科学家首次人工合成了奎宁。此后，人类在与疟疾的战斗中总算暂时领先了。

但是，疟原虫也不会坐以待毙，特别是随着各种抗疟药物的滥用，疟原虫的耐药性问题开始变得越来越严峻。20 世纪 60 年代的越南战争中，美军因感染疟疾而大幅减员。于是，寻找对抗疟疾的新药就成了人类的共同目标，中国也在 1967 年正式启动了相关的科研计划。幸运的是，屠呦呦于 1969 年担任了该计划中的中医中药专业组组长；更幸运的是，经过多年的不懈努力，屠呦呦带领的课题组终于在 1972 年 11 月 8 日成功研制出了青蒿素的样品。近半个世纪的临床实践表明，青蒿素是治疗疟疾耐药性的最好药物，以青蒿素类药物为主的联合疗法是当今治疗疟疾的最有效手段。

说起屠呦呦，就得先谈谈她的名字。她好像天生就与青蒿素有着神秘莫测的关系。1930 年 12 月 30 日屠呦呦出生，父母翻阅《诗经》并借用"呦呦鹿鸣，食野之蒿"一诗中的"呦呦"两字，给宝贝女儿取了一个罕见的名字。可哪知，该诗句中最后的那个"蒿"，正是后来成就她辉煌事业的青蒿。

16 岁那年，屠呦呦不幸染上肺结核，从而被迫休学两年，其间遭受的病痛折磨让她下定决心，长大后一定要当一名大夫。于是，21 岁高中毕业后，她就考入了北京大学药学专业；毕业后她又进入刚成立不久的中医研究院，开始从事中药研究，这让本来就身为中医的父亲刮目相看。当时，越南和美国正在酣战，蚊虫也趁机捣乱，开始疯狂传播疟疾。万般无奈的越南总理只好向中国求救，希望尽快找到治疗疟疾的灵丹妙药。于是，中国政府在 1967 年 5 月 23 日，以当天日期为名，启动了研制抗疟药物的"523"项目。

至于屠呦呦等科学家到底是如何发现青蒿素的，如今已很难复盘了，但任务之艰难可想而知。他们搜集了古今中外几乎所有能找到的医药资料，查阅了其中包含"疟疾"二字的全部药方。接着，他们通过筛选，将相对合理的 640 余种药物汇编成册，然后以一种"愚公移山"的精神对该册中的所有药物疗效进行逐一验证。在历经了 380 多次失败，以及对 200 多种中药进行了反复验证之后，屠呦呦终于在1971 年下半

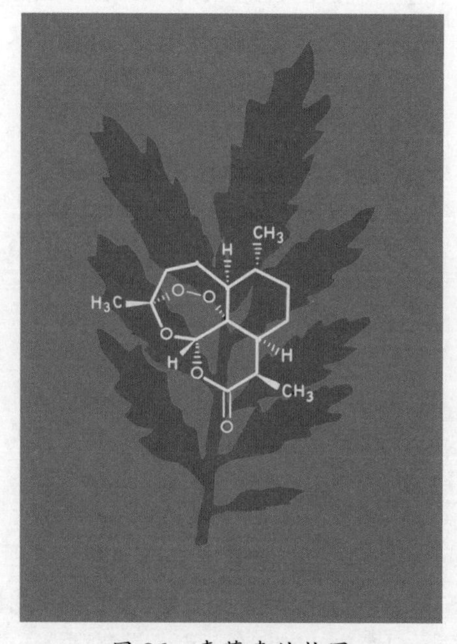

图 86　青蒿素结构图

年，从东晋葛洪所著的《肘后备急方》中受到启发，并在45岁那年搞清了青蒿素的分子结构。

1981年10月，世界卫生组织在北京召开国际青蒿素会议，屠呦呦代表课题组报告了中国的青蒿素成果。从此，青蒿素走向了世界。从2000年起，全球的疟疾发病率下降了37%，疟疾的死亡率下降了60%。

逆转生命时钟

“返老还童”

2013年7月18日,《科学》杂志报道,中国科学家使用4种小分子化学物质成功将小鼠的皮肤细胞诱导成了全能的干细胞,并克隆出了其后代。形象地说,他们成功地逆转了细胞的发育时钟,让细胞越活越年轻,实现了体细胞的“重编程”。或者说,他们将成年体细胞引诱回了其刚出生的状态,让它们重新获得了发育成各种类型细胞的能力。这可是一项革命性的成果,它甚至开辟了一条全新的实现体细胞重编程的途径,给未来的再生医学带来了新希望。

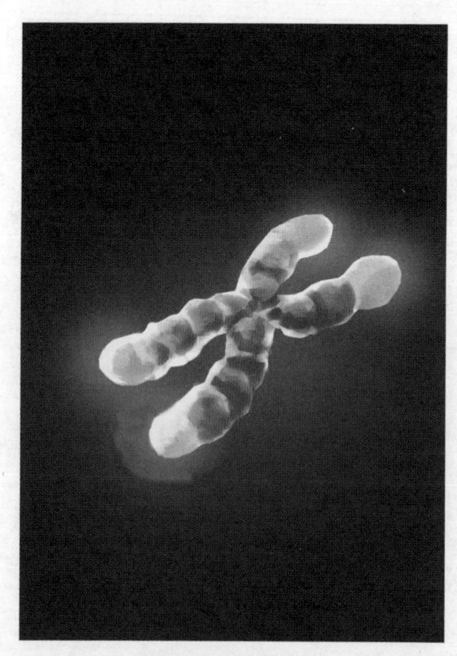

图87　染色体

哺乳动物的所有细胞都来源于一个细胞,即受精卵。随着受精卵细胞的不断分裂,才产生了越来越多的细胞,并形成胚胎。在胚胎的早期,许多细胞都是“全能选手”,或者说都是没定型的未成熟细胞,因为它们都具有分化为各种组织细胞和器官的“多潜能性”。例如,胚胎细胞可以分化为神经细胞,再生成大脑、脊髓和周围神经,形成神经系统等。当这些未成熟细胞发育成不同的体细胞之后,除了干细胞之外,细胞们的这种“多潜能性”便逐渐丧失,细胞也变得越来越专业化,以执行确定的功能。

细胞的这种“从全到专”的进程能否逆转呢?曾经人们坚信它根本不可能,其理由是:当细胞分化时,它们只保留了维持细胞类型所需的那些遗传信息。但到了1958年,随着细胞核重编程概念的提出,人们的固有观念开始动摇了,因为有人奇迹般地成功实现了细胞核的移植工作——从卵细胞中取出细胞核,再用另一个完整的细胞核去代替。后来,有人用林蛙进行试验,在对林蛙进行了细胞移植后,竟生产出了正常的蝌蚪。在接下来的数十年中,细胞核的移植被逐步成功地推向了哺乳动物,比如,通过对成年乳腺细胞的细胞核移植,克隆出了绵羊多莉;通过对成体细胞的细胞核转移,克隆出了小鼠等。总之,这一系列细胞核成功转移的事实,在一定程度上揭示了细胞分化的可逆转,即细胞身份可重新设定为最早的胚胎阶段,这就为细胞的重编程奠定了基础。

从20世纪80年代开始,细胞的重编程研究走上了快车道。起初人们发现,不仅可以将细胞身份重置为早期胚胎的空白状态,还可以完全转换细胞身份,比如,将小鼠肌肉细胞与人类的羊膜细胞融合后,就能产生一个拥有人类和小鼠细胞核的新细胞。后来,关键性的突破出现在了1987年,一个能够重编程细胞的单一因素被识别出来了,它就是一种名叫MyoD的转录因子。到了2006年,更大的进展出现了,有人找到了一套核心的四种转录因子,它们可以将已经分化的小鼠细胞重置为多潜能状态,使之能在体内产生任何类型的细胞,后来该成果还获得了2012年的诺贝尔生理学或医学奖。

从此以后,全球科学家就更热心于寻找各种可能的方法,希望能让已分化成体细胞的细胞逆转,使之重新获得早期的多潜能性,并将其重新定向分化成为特定功能的细胞或器官,从而将其应用于治疗多种重大疾病。

中国科学家开始研究细胞可逆的时间大约是2005年,并很快就取得了不少重要进展。2009年,中国科学家通过四倍体囊胚注射法得到了具有繁殖能力的小鼠,从而首次证明了诱导性多功能干细胞的可逆性。后来,中国科学家又发现,维生素C能够极大地促进体细胞变身诱导性多功能干细胞,而且在体细胞的逆转过程中表皮细胞扮演着重要角色。

Bt 转基因棉花的防虫奇效

中国转基因研究喜事连连

转基因技术就是将目标基因进行人工分离和重组后导入并整合到生物体的基因组中,从而改善原有生物的性状,或赋予原有生物新的优良性状。

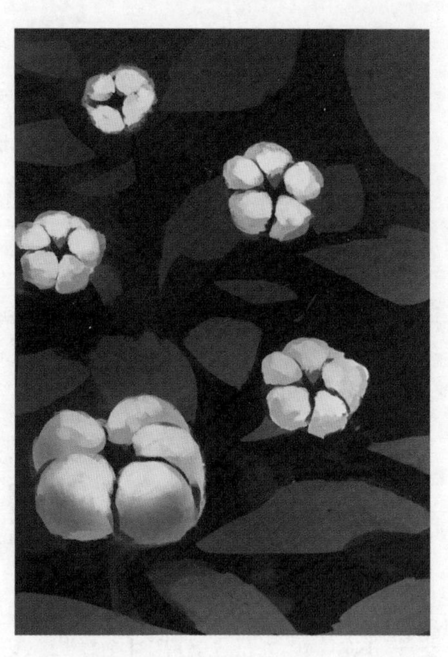

图 88 Bt 转基因棉花

Bt 转基因技术是一种特殊而神奇的转基因技术。普通棉花的天敌——棉铃虫——一旦吃了 Bt 转基因棉花的叶子或棉桃就会立即死亡, 就像人类吃了砒霜一样。2012 年,《自然》杂志报道,中国科学家基于长期的田间系统生态学试验和大量的观测数据分析,竟然发现了另一个更神奇的现象,即伴随 Bt 转基因棉花的广泛种植和杀虫剂使用量的减少,瓢虫、草蛉和蜘蛛等三类益虫的种群数量显著上升,通过它们的捕食作用,棉花伏蚜害虫的自然种群数量显著降低了。同时,这些益虫还从 Bt 转基因棉田进入邻近的其他田地,对多种蚜虫发挥了自然控制作用。

该发现在国际上首次明确了 Bt 转基因棉花可增强农业生态系统对

害虫自然控制的能力，深化和丰富了人们对转基因农作物产生的环境影响的认知，对发展利用转基因技术、促进农业生产力的提高和生物多样性保护具有重要科学意义。这一发现被评为“2012年中国科学十大进展”之一，毕竟它显著拓展了人们对于抗虫转基因农作物生态效应的认识。

中国科学家在转基因方面的研究成果当然不仅限于植物，其实更早的时候在动物转基因研究方面也取得了系列性的成果。1998年2月9日，中国科学家在转基因羊的研究方面获得了重大突破，培养出了5头与人凝血因子IX基因整合的转基因山羊，其中一头已进入泌乳期，乳汁中含有能治疗血友病的人凝血因子IX活性蛋白。这种蛋白经提炼后，能有效治疗血友病，从而开拓了一种全新模式——通过实验把目的基因注射入动物体内，使其可与动物本身的基因整合在一起，并使目的基因的产物由乳腺分泌，且能传给后代。于是，一头转基因动物就相当于一个制药厂，投资少、见效快、无公害，若将其推广，必将给生物制药产业带来一场极大的变革。

实现转基因羊的工作其实很难，一是因为家畜受精卵的雄原核不太清晰，这就导致显微注射的命中率很低；二是因为外源基因的整合率也很低，这就导致移植胚胎的受孕率也很低。幸好，中国科学家巧妙克服了这些困难，将受孕率提升到了70%。中国科学家在转基因羊的改进技术方面取得的成果当数国际首创，为转基因动物的大规模产业化提供了基础。

1999年2月19日，中国科学家又运用独创的转基因新技术，在成功培育出了转基因羊的基础上，再次成功培育出我国第一头转基因试管牛，同时还摸索出了一种可以大幅提高基因表达水平的新方法，使转基因动物乳汁中的药物蛋白含量提高了30多倍。这头转基因试管公牛出生时的体重约为38千克，经DNA检测，它身上确实带有人工导入的人血白蛋白基因。这头公牛成熟配种后，它的“女儿”产下的仔牛，能分泌出含有人血白蛋白的牛奶，这标志着我国转基因动物研究又登上了一个新台阶。

与转基因羊相比,转基因牛的繁殖周期更长,投资成本更高,难度更大。但一头转基因母牛每年的产奶量可高达 1 万多千克,比山羊的产奶量高出 20 多倍。所以,转基因牛更适用于生产一些需求量更大的珍贵药物,而人血白蛋白正是目前国内需求量很大又十分紧缺的药物。今后若能真正实现用牛奶来生产这一药物,人血白蛋白的紧缺状况将得到根本改善。

超级稻亩产首破1000千克

袁隆平的禾下乘凉梦

2014年,农业部组织专家分别对两块大面积试种的超级水稻进行现场测产。结果发现,两地的平均亩产分别为1006.1千克和1026.7千克,首次实现了超级水稻百亩片区亩产超1000千克的目标,又创造了一项世界纪录。同年,在全国13个省(自治区、市)的30个超级水稻示范区中,虽有个别地区遭受了自然灾害,但整体平均亩产仍达900~950千克,这标志着我国超级水稻研究取得了重大突破。

亩产超1000千克意味着什么呢?2013年,中国实际水稻平均亩产仅为447.8千克。而超级水稻的亩产至少翻倍。用袁隆平院士的话来

图89　超级水稻示范区

说,就是“多养活了7000万人口,相当于多养活一个湖南省”。

亩产超1000千克的成绩来之不易,它是袁隆平等科学家若干年来艰苦攻关的结果。实际上,2000年时,百亩示范区的亩产才只有700千克,2004年增至800千克,2011年又增至926.6千克,2013年达988.1千克,2014年才最终超过1000千克,2019年甚至逼近1200千克。

说起杂交水稻,我们不能不谈到那位一辈子与田野打交道的“超级杂交水稻之父”袁隆平先生。虽然他已于2021年5月22日离我们而去,但他对全人类的贡献早已成为一座光辉灿烂的里程碑。

袁隆平,1930年生于北京。那时整个国家动荡不安,内忧外患,积贫积弱,他从小就颠沛流离,不但要忍受饥寒交迫,还得四处躲避兵荒马乱,后来历经艰辛才上了学。

1949年夏天,高中毕业考大学的袁隆平犯难了,因为父亲想让他学理工,母亲劝他学医,而他自己则想当一位农学家。最终,他还是坚持己见。原来,战争年代挨饿的亲身经历和遍野饿殍的惨景给他留下了深刻的印象,使他早已下定决心:要让中国人吃饱饭。不过,后来他还是有两次差点与农业擦肩而过:一次是22岁那年,已是西南农学院学生的他竟被选为飞行员,幸好在入伍报到前一天,他被意外婉拒;另一次也是在上大学期间,他参加了西南联省的大学生游泳锦标赛,并在半决赛之前表现优异,大有冲击前三名进入国家队之势,毕竟他早在上高中时就是武汉市游泳冠军和湖北省亚军。但再一次机缘巧合的是,袁隆平在决赛的最后一程,竟大意失荆州,最终只得了第四名,否则,中国杂交水稻的历史就该重写了。

1953年8月,刚刚大学毕业的袁隆平放出豪言:“作为新中国的第一代农学专业的大学生,我要努力解决粮食问题,决不让百姓挨饿。”当时,大家都以为他是在说大话,可哪知他说的不仅是真心话,后来还真的兑现了该诺言。为了找到粮食增产的办法,袁隆平经常在田间做实验并仔细观察植株的生长情况。1960年7月的某一天,他在田里意外发现了一株性状特别的水稻,于是,他以该植株为亲本,开始了长期而艰苦的杂交实验。

水稻杂交技术本身虽不难,但要找到恰巧需要的植株就很难了,这无异于大海捞针。此外,水稻杂交实验的周期很长,成功率很低,既需要体力,更需要耐心。经过近十年的上千次实验,他终于在1973年取得了决定性的胜利,种植出了性能稳定的杂交水稻品种,其亩产更是高达500千克,远远超过了其他水稻。袁隆平将自己的一生无怨无悔地献给了水稻增产事业,他经常一边拉着小提琴一边梦想着让自己的水稻长得越来越高大,以供人们“禾下乘凉”。

小麦基因组测序草图

了解基因，保护基因

基因是万物生存发展之源，动植物的生、老、病、死、长、衰等一切生命现象都与基因息息相关。因此，了解、保存、保护和合理利用基因资源将变得越来越重要。为此，中国科学家已进行了数十年的探索，并取得了不少成就。

2013 年 4 月 4 日，《自然》杂志报道，中国科学家在国际上率先完成了小麦基因组的初步测序工作，结束了小麦没有基因组序列的历史。《自然》杂志专门发表评论文章，将该成果推荐为复杂基因组测序的范例。

图 90 小麦

小麦基因组测序为什么很困难呢？这是因为目前广泛种植的普通小麦是一种异源六倍体，它的基因组不但很大——约为水稻基因组的 40 倍，还很复杂——85%以上的序列均为重复序列。所以，小麦基因组的测序研究困难重重，基因组学和分子生物学研究难度极大,进展缓慢,因此成为限制小麦基础研究和应用的瓶颈。

小麦基因组测序为什么很重要呢?一方面,小麦是全球分布最广、种植面积最大的农作物,养活了全球40%的人口;另一方面,我国又是世界小麦生产和消费大国,常年种植小麦的面积约为2400万公顷,年产量近1.3亿吨。本成果将为小麦驯化研究提供全新视角,使小麦改良进入分子时代,同时也使我国在充分借助信息手段研究基因方面进入世界先进行列。

中国科学家之所以能顺利完成小麦基因组的测序工作,主要是因为我们已经有了水稻基因组测序的基础。实际上,早在2002年4月3日,《科学》杂志的封面文章就曾报道,中国已独立绘制出了水稻基因组工作框架图,使人类第一次在基因层面认识了水稻,从而树立了基因组研究的一个重大里程碑,标志着中国已进入世界生物学研究的前沿。《科学》杂志在社论中指出,该成果对人类的健康与生存具有全球性影响。

水稻基因组测序为什么很重要呢?因为这是第一个覆盖水稻大部分基因组的序列图,而水稻作为农作物的重要性是怎么估计都不过分的。此外,水稻还能提供其他植物的重要生物学基本知识。

水稻基因组测序的工作量到底有多大呢?这样说吧,至少得测定22亿个碱基对序列,并使得序列和基因的覆盖率超过95%,涵盖水稻的全部12个染色体,且90%的区域需要达到99%的准确率。形象地说,中国科学家完成的水稻基因组的测序是当时人类进行的植物基因组测序中工作量最大的一次。

了解基因很重要,保护基因也很重要。幸好,早在2002年,我国就建成了全球最大的种质资源国家基因库,贮存的种子超过33万份,保存了许多珍稀植物的"血脉",为它们解除了"绝后"之忧,同时也为今后育种提供了雄厚的物质基础。该基因库还收集和抢救了一批濒危的优异种质和近缘野生植物,比如,抢救了三峡库区濒临灭绝的八棱丝瓜、白色苏麻和紫色爆裂玉米等具有重要开发价值的古老种质。

种质资源基因库,就是利用先进仪器设备控制贮藏环境,以便长期贮存作物种质的仓库，发掘和收集各种作物的种子，并科学地加以贮藏，使其在数百年后仍具有原有的遗传特性和很高的发芽能力。种质资源基因库的建立既有利于品种改良，又有利于培育高产优质和强抗逆性的新品种，更为生物学研究提供了丰富的种质材料。

中国的国家种质基因库由试验区、预处理区和保存区三部分组成，其中保存区建有两个长期贮藏冷库，可保存种质 40 余万份。种质贮藏的温度被精准控制在-18 摄氏度的范围内，偏差不超过 1 摄氏度，相对湿度小于 50%。

哺乳动物孤雄生殖

生物世界怪事多

2018年10月,《细胞》杂志报道,中国科学家已经利用基因编辑技术,首次成功培育出了双亲都是雌性或雄性的小鼠,其中“双雌”小鼠健康成长到成年,还能繁育下一代,“双雄”小鼠则只存活了两天。该成果开创了基因印记新技术,发现了阻碍同性双亲小鼠发育的关键印记区,对动物克隆等方面的研究具有重要意义。

图91 “双雌”小鼠繁殖

什么是基因印记呢?基因印记是近年来发现的一种不遵从孟德尔定律的依靠单亲传递某些遗传学性状的现象,它在体细胞的分裂中可被传承,但在配子形成时,却可被擦除和重新建立。

从理论上说,若能借用人工手段擦除基因印记,那就有可能实现“双雌”或“双雄”的同性繁殖。但在实际操作中,基因印记很难被安全擦除,这也因此成了一个公认的国际难题。中国科学家这次之所以能安全擦除雌性基因印记,是因为他们另辟蹊径,采用了单倍体干细胞技术。可惜,这种技术对孤雄生殖还不能完全有效,否则他们的“双雄”小鼠就该健康成长。随着基因印记擦除技术的不断改进,也许在不远的将来,所有动物都能“双雄”或“双雌”繁殖了。

生物圈里的怪事当然不只上述的单性繁殖。2021 年 4 月 15 日,《细胞》杂志报道,中国科学家成功构建了全球首例人猴嵌合体胚胎,即同时具有人源细胞和猴源细胞的胚胎。这将有助于研究早期人类发育，有助于设计疾病模型,还有助于发现某些新方法来产生可移植的细胞、组织或器官等。

嵌合体原指希腊神话中的一种狮头、羊身、蛇尾的恐怖怪物。在现实生活中,科学家为何要制造这种拼图式的怪物,特别是还要制造人与猴“拼接”的怪物呢？大家千万别误会,这项研究不但不是科学家的恶作剧,反而是一项很有现实意义的工作。比如,全球每年都有约 200 万人亟待器官移植,但器官缺口相当巨大,很多患者都会在等待中无奈地去世。目前主要有三种思路来获得更多的备用器官,一是异种器官移植,二是类器官及 3D 打印,三就是本项成果中的异种嵌合体。因此,今后的理想前景就是让动物身上长出真正可供移植的人类器官。哪种动物最适合担任这种角色呢？人们经多年探索后发现,人猴嵌合体最适合。

此外,在利用基因技术开发新药方面,中国科学家也很早就走在了世界前列。比如,早在 1998 年,中国科学家就成功研制出了基因重组人胰岛素,并批量投放市场,其纯度、效价及降低血糖的作用都与美国的同类产品相同,而价格更低。从此,我国终于成为继美国和丹麦之后,能生产人胰岛素的第三个国家。

众所周知，糖尿病是全球严重危害人类健康的三大非传染性疾病之一。人胰岛素因其结构和纯度的优势,使它拥有更好的疗效,已成为治疗糖尿病的重要的药物之一。但过去我国的人胰岛素一直依赖进口,所以,中国科学家的该项成果不但填补了国内基因重组人胰岛素的空白,还加速了国内动物胰岛素的淘汰和替代进口产品,更减轻了糖尿病患者的痛苦,既造福了人类,又推动了科技进步。

肿瘤免疫治疗新方法

让肿瘤无处可逃

2016年3月31日,《自然》杂志报道,中国科学家提出了一种基于胆固醇代谢调控的肿瘤免疫治疗新方法。《自然》杂志发表的同行评论指出:这项研究成果有可能被开发成抗肿瘤和抗病毒的新药物。《细胞》杂志也发表同行评论指出:这项研究为某些特殊患者提供了新希望。

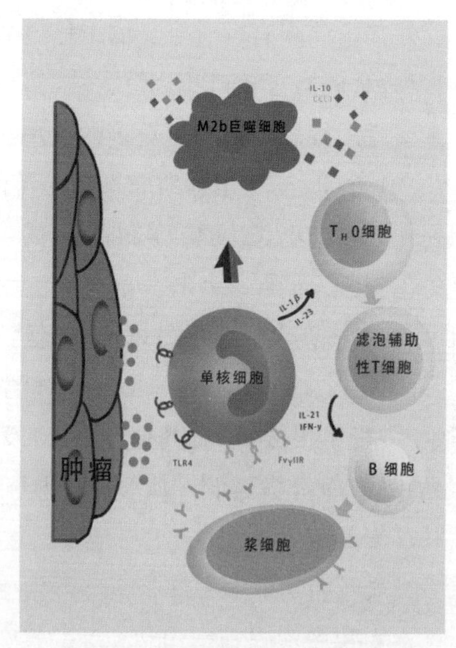

图92 肿瘤免疫治疗示意图

什么是肿瘤免疫治疗呢?在正常情况下,人体的免疫系统可以识别并清除肿瘤细胞。但肿瘤细胞也不会坐以待毙,它会巧妙地抑制人体免疫系统,从而躲过一劫。肿瘤细胞的这种特征称为“免疫逃逸”,肿瘤免疫治疗就是要努力避免肿瘤细胞的免疫逃逸,比如,使用癌症疫苗、细胞治疗、治疗性抗体、小分子抑制剂、单克隆抗体类免疫检查点抑制剂等方法,来恢复人体对肿瘤的免疫力。

近年来,肿瘤免疫治疗研究成果不断,已在黑色素瘤及非小细胞肺癌、肾癌和前列腺癌等多个肿瘤的治疗中取得了实质性进展，甚至已研发出多种肿瘤免疫治疗的临床药物。中国科学家的这项成果便是肿瘤免疫治疗研究中的一个最新突破。

其实，早在1600多年前的中国，疾病的免疫治疗思想就已初露端倪。东晋时期的著名道士、炼丹家和医药学家葛洪，不但首次记载了狂犬病，还明确指出该病是“犬咬人引起的”。患者被疯狗咬过之后，将非常痛苦，受不得半点刺激，哪怕听见一丁点声音都会痉挛，甚至听到水声也会抽风。葛洪还采用免疫思想医治过1例狂犬病。当时葛洪认为，疯狗咬人，一定是狗嘴里的毒物从伤口侵入了人体，所以，治病的关键就是如何从疯狗身上取出这种毒物。于是，他捕杀疯狗，取出其脑，敷在患者伤口上。

葛洪还著有医书《肘后备急方》，其中不但收集了大量救急处方，指出了急性传染病应该归咎于外界的瘟疫，还强调了灸法的使用。书中利用浅显易懂的语言，清晰明确地注明了各种灸法。更神奇的是，屠呦呦受该书启发发现了青蒿素，并获得2015年的诺贝尔生理学或医学奖。

此外，葛洪在中国医药史上还创造了若干个“首次”。比如，首次发现了结核病，指出这种病会互相传染，千变万化；首次记载了天花，明确指出这是一种奇怪的流行病，患者浑身长满密密麻麻的疱疮，起初只是小红点，不久就变成白色脓疱且很容易碰破，若不及时治疗，疱疮就会一边长大，一边溃烂，患者还会发高烧；首次记载了恙虫病，正确发现了它的病因，即一种名叫“沙虱”的小虫在螫人吸血时，便把病毒注入了人体，使人患病发热。而沙虱是一种比小米粒还小的虫子，若不仔细观察，根本难以发现它的存在。

重离子肿瘤治疗系统

外科内治新方法

2020年4月1日,我国首台具有自主知识产权的重离子治疗系统正式开诊,前期的临床试验都很成功,所有受试者均取得满意疗效。这意味着我国继日本、德国、美国之后,成为全球第四个使用重离子治疗肿瘤的国家,打破了多年来国外的技术垄断,实现了历史性突破。

重离子治疗是国际公认的放疗尖端技术。与已使用百年之久的传统放疗相比,重离子治疗能在集中爆破肿瘤的同时减少对健康组织的伤害。因此,重离子治疗代表了放疗的最高技术和未来趋势,它的副作用小、疗程短、疗效好,被誉为精准、高效和安全的先进放射治疗方法。它的适应证至少包括头颈部肿瘤、胸腹部肿瘤、盆腔肿瘤、骨肿瘤和软组织肉瘤等。

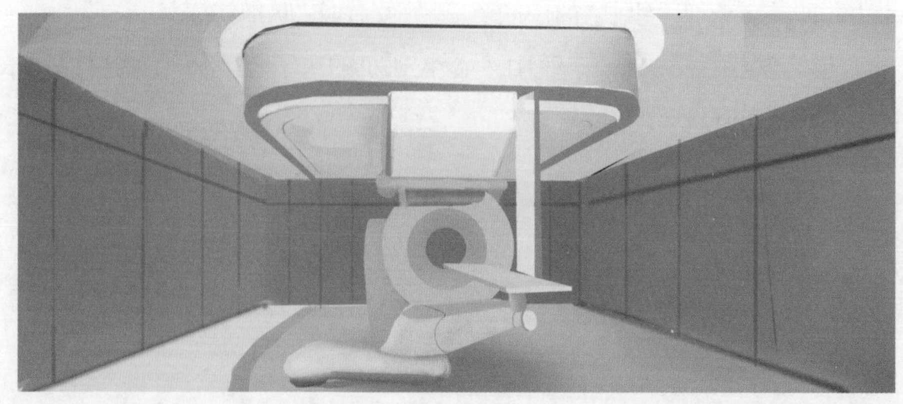

图93 重离子治疗仪

国际首例临床试验于2014年6月14日下午3点正式开始，在30分钟内，重离子治疗仪像切面包一样，将患者的病灶分割成若干个薄片，每片仅4毫米厚。接着，碳离子通过同步加速器准确进入病灶，在每个薄片上进行精准“爆破”。经过52次这样的外科内治式的“定向爆破”后，治疗完成，患者可自行下床回家。

我国最早对肿瘤进行深入研究的人是出生于1555年的明朝名医、《外科正宗》一书的作者陈实功。虽然有关陈实功的生平事迹的记载非常少，但有关他的传说甚至是神话传说很多，这充分表明了后世百姓对他的怀念与崇敬。

在人品方面，据说陈实功行医积累下来的钱财多用于慈善事业。替穷人看病时，他不但送药，还量力微赠，以贴补其生活。若赤贫者死了，他还施棺购墓，助其入土为安。他常救灾赈饥，兴建慈善院，置义田，造义宅，建祠堂以祀先贤等。此外，他还出资修路建桥。陈实功不但自己做好事，还动员社会各方力量做好事。清朝光绪年间的《通州志》记载，陈实功曾在治愈苏州巡抚之母的疑难重症后婉拒重金酬谢，只求巡抚大人能将一座旧木桥改为石桥。后人为了感谢陈实功，便称此桥为“纪功桥”。

在医德方面，陈实功认为医德乃医家之本，所以他以身作则，对同道谨慎谦和，对青年提携爱戴，对患者一视同仁。他在350多年前留下的有关医德的《五戒十要》，被美国近年出版的《生物伦理学大百科全书》认为是“世界最早成文的医学道德规范”，该书在国内外产生了很大影响，今天仍具有现实意义。

在医技方面，陈实功也创新颇多。比如，他巧妙地将内服药品、食品和营养品融为一体，让患者在享受美食的同时，也医治了相关病痛。据说，他创制的“八仙糕”不但成了“糕中珍品”，还能健脾养胃、益气和中等，在300多年后竟成了慈禧太后常服的补药之一，且畅销至今。他在外科手术方面的创新尤为突出，主张将外科手术与内服药物相结合。他曾成功抢救过10余位气管被割断的危急患者，因而名声大振，登门求医者络绎不绝。

不过,陈实功最大的医学成果当数被评价为明朝以前列证最详、论治最精的巨著《外科正宗》。该书中的许多思想和技巧对今天的医学发展仍颇有参考价值。比如,针对肿瘤,陈实功认为只有及早发现,才能摸清病源,以便有效治疗;针对淋巴癌和鼻咽癌等,他也有超前观点。

1636年,陈实功安然逝世,享年81岁。百姓自发建造了"陈公祠"和"报功祠"等祠堂,以纪念其生前功德。

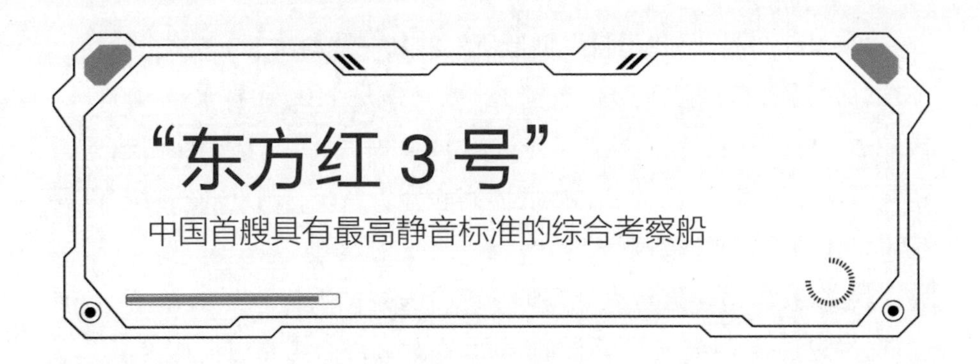

“东方红 3 号”

中国首艘具有最高静音标准的综合考察船

2019 年 5 月 7 日，我国的“东方红 3 号”科考船顺利通过国际权威认证，获得船舶水下辐射噪声最高等级——静音科考级认证证书。这标志着该船在船舶水下辐射噪声控制方面达到国际最高标准。作为我国海洋强国建设的国之重器，该船是国内首艘、国际上第 4 艘获得此项证书的海洋综合科考船，也是排水量最大的同类科考船。

2019 年 10 月 25 日，该船正式加入科考船舶序列，与我国其他科考船一起，组成了从近岸、近海至深海大洋的综合考察船队。它将实行开放共享管理模式，成为国际同行交流与合作的重要窗口，提升我国海上科技创新平台的整体实力。

图 94 “东方红 3 号”科考船

“东方红3号”是我国自主创新研发的新一代科考船,多项指标均处于国际领先水平。船长103米,宽18米,可载员110人,排水量5000吨,续航力1.5万海里。船内配备了先进的水体、海底、大气等探测系统,遥感信息观测印证系统,化学、生物、底质实验分析系统,操控支撑系统,以及船岸一体的数据与网络系统等。

其实,我国最早进行大规模远洋综合考察的人应该是郑和,从1405年起,经过近30年的七下西洋后,郑和在远洋综合考察方面取得了不少成就。特别是他绘制了全球最早的科学海图——《郑和航海图》,这也是人类现存的首套实用远程航海图集,图中所绘基本航线以南京为起点,沿长江而下,出海后顺海岸南下,自中南半岛、马来半岛海岸,穿越马六甲海峡,经斯里兰卡到达马尔代夫。然后分为两条航线,分别到达非洲东岸和伊朗东南部。全图包括30多个国家,50多条往返航线,甚至还有若干实用导航定位数据,比如,各国方位、航距及航向、何处停泊、何处有礁、何处有滩、何处有人等。

从科学角度看,《郑和航海图》的特点主要有三个:其一,它是专供航海的实用图,航向和航程尤为清晰,显著目标被画成景物以便识别和定位,还用文字说明了转向点和水深情况,更注明了导航星宿的方位等,这些都属首创;其二,针对内河和航海的不同情况,采用了不同的绘图策略,比如,自南京到太仓,由于沿长江要不断改变航向,此时图中就不再含航向和航程,而是对两岸地形和地物给出了详细描绘,足够普通水手凭经验完成航行;其三,为了使用方便,全图以航线为中心,从右向左连贯而成。

总之,能在600多年前绘制出此等精准而实用的大型航海图,确实是地理学的奇迹。正因如此,郑和被称为全球首位洲际航海家,也被称为哥伦布和麦哲伦等的先行者,他确实是当之无愧的地理学家。

深海实时科学观测网

给龙宫装上监控器

2018年2月7日，我国第一个深海实时科学观测网终于建成。该深海观测网络通过20套深海潜标和800余件观测设备，基本实现了大洋上层和中深层代表性深度的全覆盖，可以连续稳定地获取大洋水文和动力数据。比如，只要打开手机上的相应客户端，就能看到西太平洋深海实时传回的现场数据，点击其中任何一个站点，深海环境参数动态变化图就会自动绘制出来。形象地说，这相当于给传说中的东海龙王的龙宫装上了很多摄像头，从此以后便可以多层次、全方位地对虾兵蟹将们的一举一动进行不间断的监视。

为了建设该深海观测网络，科研人员历经四年不懈努力，先后完成了科学规划、深海潜标设计、大洋海上作业、水下和卫星实时传输、数据智能分析挖掘、终端图形接收等全流程一体化作业。如今，该网络的维护已步入批量化、标准化和常态化阶段，这标志着中国在西太平洋环流与气候领域的研究已实现了从跟踪到引领的历史性跨越。

从此以后，西太平洋深海1000~3000米范围内的温度、盐度和洋流等数据，将以1次每小时的频率实时传回国内，从而为我国科学家研究西太平洋环流的三维结构、暖池变异及其对中国气候变化的影响提供宝贵资料，为我国的气候预报和环境保障提供重要的基础支撑，也将有力推动全球大洋观测能力的持续提升。

深海观测网络的建设非常困难，若加上实时数据要求后就更难了。比

如,若只是对海面进行观测,就可以借助成熟的卫星遥感遥测技术,从海面浮标上主动抓取相关实时数据。但若想获得深达上千米的海底信息,这时,卫星的遥感信号就根本无法抵达海底潜标,潜标上的传感数据也无法穿透深海传给卫星,该问题也因此成为世界难题。过去若干年来大家都只好采用最原始的方法,那就是每年派出科考船,现场回收深海潜标记录的历史数据。

中国为什么能解决上述世界难题并建成实时深海观测网呢?原来,中国掌握了如下三个"法宝":

第一,中国科学家巧妙采用有线和无线双保险的方式,在浮体与潜标之间建立了稳定联系,从而可将深海潜标数据就地实时输送给海面的特制浮体。然后再由这些特制浮体将信号实时发射给卫星。

第二,与 GPS 等卫星导航系统相比,中国的北斗导航系统具有一种独特的后发优势,即它能实现双向的短信通信。所以,北斗系统可以轻松获取特制浮体发射的潜标信息,然后再将这些信息实时传输给中央控制系统。

第三,中国拥有一艘综合性能相当先进的科考船——"科学号"。该船既具有全球航行能力,也具有全天候的观测能力。这次深海实时科学观测网的建设工作就是由它负责完成的。

图 95 "科学号"科考船

“科学号”是中国海洋综合考察船的“长子”,承载着数代海洋科学家的梦想。自2014年9月正式入列以来,它已成为中国深海远海重大基础科学研究与探测的支撑平台与共享平台,被誉为“海上移动实验室”,并已完成了多项艰巨任务。比如,2015年1月19日,它在西太平洋雅浦海山海域成功投放了7个海底地震仪,这是中国首次在该海域投放这类设备;1个月后,它又在同一海域投放了热流探针,成功地为海底测量了体温;2019年6月,它捕获了250多种深海生物样品,这几乎是过去已获样品的总和;2021年6月,它又完成了多个深海高端实验,取得了若干重大发现。

钙钛矿太阳能电池

无本万利的寿星

在“2019年中国科学十大进展”的榜单中，有一项内容有趣、名字特别长的成果——“阐明铕离子对提升钙钛矿太阳能电池寿命的机理”。形象地说，该成果大幅提升了钙钛矿太阳能电池的寿命，而所用的方法却是几乎无本万利的“引入铕离子对”。为什么说“无本”呢？因为在该电池的使用过程中，被引入的铕离子几乎没有任何消耗。为什么说“万利”呢？因为该电池的各方面性能都得到大幅提高，比如，即使在连续太阳光照或以85摄氏度的温度将其加热1000小时后，电池仍可保持原有效率的约90%；而电池在最大功率点连续工作500小时后，仍能保持其原有效率的91%。

什么是太阳能电池呢？太阳能电池，又称太阳能芯片或光电池，俗称光伏板或太阳能板，它能通过光电效应或光化学反应直接把光能转化成电能。太阳能电池的历史非常悠久，早在1839年，法国科学家就发现，光照下的半导体会产生电动势；1873年，英国工程师又偶然发现，在一定频率光子的照射下，硒板会产生电流；终于到了1883年，美国发明家把一层硒板放在金属片上，做出了首个太阳能电池，并在暴晒下得到了连续、稳定且可观的电流；可惜，直到1940年，太阳能电池的光电转换率都没能超过1%，根本没有应用价值。

直至1954年，终于出现了光电转换率达到6%的硅太阳能电池，1年后该电池被安装到了卫星上，从此才开启了太阳能发电新纪元。到目前为止，所有的太阳能电池都可按其先进程度分为三代：第一代是单晶硅和多晶硅太阳能电池，它们在实验室的光电转换率最高可分别达到25%和20.4%，虽然它们的生产技术很成熟，但因对单晶硅的纯度要求太高，使得其成本始终难以控制，整体缺乏竞争优势；第二代主要是非晶硅薄膜电池和多晶硅薄膜电池，它们的光电转换率虽未明显提高，但因其成本相对低廉而颇具竞争优势，特别是多晶硅电池更受欢迎；第三代就是以中国科学家这次改进的钙钛矿太阳能电池为代表的新概念电池，它们的特点是薄膜化、光电转换率高、原料丰富且无毒无害。

什么是钙钛矿太阳能电池呢？顾名思义，钙钛矿太阳能电池就是以钙钛矿结构材料为吸光材料的太阳能电池，是第三代太阳能电池的佼佼者。由于钙钛矿薄膜光伏电池板可以吸收来自更广泛波长的光，所以在相同强度的阳光下，它能产生更多的电能，从而使得钙钛矿太阳能电池得到迅速推广。实际上，钙钛矿太阳能电池发明于2009年，当时它们的光电转换率其实并不高，但紧接着就开始突飞猛进。2012年，钙钛矿太阳能电池的光电转换率超过10%；2017年2月达到15.2%，当年5月达到16%，当年12月达到17.4%，出现了一年三破世界纪录的奇迹；2018年12月达到28%，再次创造世界纪录；最近更从理论上达到了66%。

图96 钙钛矿太阳能电池

虽然钙钛矿太阳能电池的发展势头良好，但至少仍有如下四大难关需要突破：一是电池的稳定性；二是吸收层中含有可溶性重金属；三是钙钛矿太阳能电池的理论研究还有待深入；四是按照目前的工艺水平，人们还难以生产大面积的钙钛矿薄膜,这自然会在相当程度上限制钙钛矿太阳能电池的规模化普及。但愿新的更有效的钙钛矿薄膜制作工艺尽早出现。

最后,这次中国科学家所取得的成果的核心价值主要体现在哪里呢?由于太阳能将成为全球电力市场的新霸主，所以该成果不但解决了第三代太阳能电池中的一个关键难题，即大幅度提高了钙钛矿太阳能电池的寿命,还对其他钙钛矿光电器件和无机半导体器件都有极大的启发意义。

紫外超分辨光刻装备

粗刀刻细线，跬步行千里

众所周知，集成电路已成了工业粮食，变得无处不在。然而，过去我国经常在集成电路领域被卡脖子。幸好，经过长期艰苦攻关，近年来我国在集成电路的多个方面都取得了世界级的重大成就。

2018年11月29日，我国成功研制出了全球首台分辨力最高的紫外超分辨光刻装备。该装备打破了传统光学光刻分辨力的极限，从原理、体系到工艺等形成了一条全新的技术路线，为我国在超材料、第三代光学器件、广义芯片等变革性战略领域的跨越式发展提供了重要研制工具。

这次中国研制的光刻装备可形容为“粗刀刻细线”。它利用成本更低、波长更长的普通紫外光来实现更高分辨率的光刻。具体来说，它采用365纳米波长光源，单次曝光最高线宽分辨力达到22纳米，可实现10纳米以下特征尺寸图形的加工，其关键技术指标达到超分辨成像光刻领域的国际领先水平。

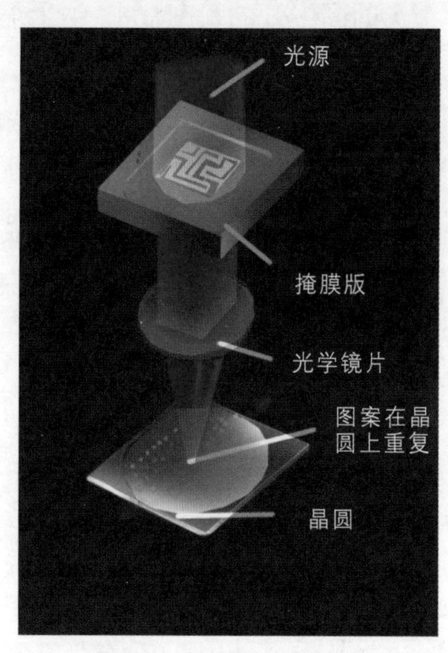

图97 光刻机工作原理

光刻装备是制造芯片的核心工具，它像照片冲印那样，把掩膜板上的精细图形通过光线的曝光印制到硅片上。只有分辨率越高的光刻装备,才能制造出集成度越高的芯片。在通常情况下,为了提高分辨率,光刻装备会使用波长更短的光源,这不仅会加深技术难度,也会使成本更高。

除了光刻机之外，我国在集成电路的另一条战线——半浮栅晶体管研发方面也创造了奇迹。2013 年 8 月 9 日,《科学》杂志报道,中国已研发出了全球首个半浮栅晶体管，这也是我国的微电子器件首次领跑世界。半浮栅晶体管作为一种新型的微电子基础器件,它的成功研制将有助于我国掌握集成电路的核心技术,从而在芯片设计与制造等领域逐渐获得更多话语权。

什么是晶体管,什么又是半浮栅晶体管呢? 简单说来,晶体管是一种半导体器件,是各种放大器或电控开关的核心,也是电脑、手机和所有其他现代电子电路的基本构建模块。由于晶体管响应速度快,准确性高,可用于各种数字和模拟功能器件。更重要的是,在一个非常小的区域内,就可容纳上亿或更多的晶体管集成电路。2016 年,美国科学家竟将当时最精尖的晶体管的尺度从 14 纳米缩减到了 1 纳米，完成了计算技术界的又一重大突破。半浮栅晶体管是一种新型的晶体管,至少可在集成电路、动态随机存储器和主动式图像传感器芯片三大领域拥有巨大的潜在市场和竞争优势。

另外,早在 1997 年,我国就成功研制出了当时国际上最先进的特大规模集成电路的基础材料——12 英寸直拉单晶硅。这对提高我国硅晶片的质量和科技含量具有重大意义,更使我国成为当时继美国、日本、德国之后具有拉制大直径单晶硅技术的第四个国家。

什么是单晶硅呢? 单晶硅是硅原子按某种形式排列而成的物质。当熔融的单质硅凝固时,硅原子会以金刚石晶格排列成许多晶核,若这些晶核的晶面排成方向相同的晶粒,则这些晶粒平行结合后就结晶成了单晶硅。

单晶硅又有什么用呢?信息产业的核心是集成电路,在集成电路的核心电子元器件中有95%以上的元器件都由硅制成，其中直拉单晶硅的用量又超过85%。因此,为了降低集成电路的制造成本,就迫切需要更大直径的直拉单晶硅抛光片,以便提高电路集成度。

当然,除了看到上述成绩之外,我们还必须明白,中国的集成电路事业任重而道远,我们既要有信心,又不能盲目自大。

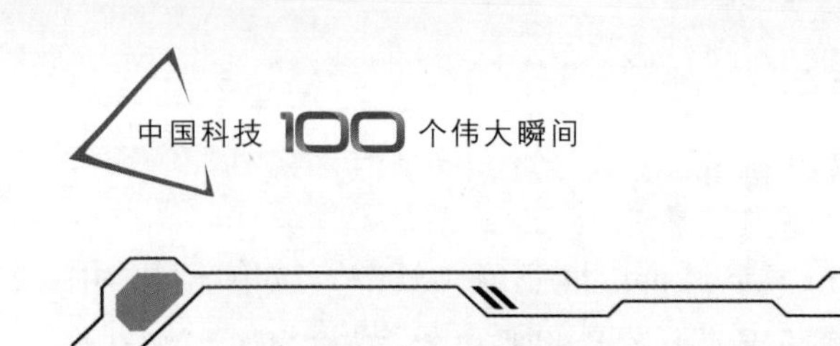

高性能条纹相机

激光的颠覆性应用

说起激光，人们也许不陌生，但对激光的众多奇妙应用，可能并非众所周知。下面就简要介绍激光的三种颠覆性应用。

其一，2018 年 5 月 22 日，我国具有完全自主知识产权且整体性能达到国际先进水平的条纹相机终于研制成功了。我国在高端科学仪器的研制方面进一步打破了国际封锁，在国家战略高技术领域又多了一件利器。

条纹相机当然不是你我熟悉的普通相机，而是一种同时具备超高时间分辨（皮秒至飞秒）与超高空间分辨（微米）的高端科学仪器，是实现微观和超快过程探测的必要手段。作为一种超高速探测器，它能捕获极短时间内发生的光发射现象，比如，能记录植物的光合作用过程、超大规模集成电路产生的电脉冲、激光器产生的超短激光脉冲等超快现象。所以，它对自然科学、能源、材料、生物、光物理、光化学、激光技术、高能物理等领域的研究都具有重要意义。

条纹相机的研制涉及光学、微电子学、精密机械和计算机等多门学科，研制起点高、难度大。作为十分敏感的尖端技术，条纹相机及相关技术自然也就属于西方国家的出口严格管制领域。

其二，2010 年 10 月 10 日，《自然》杂志报道，中国科学家首次利用自主研制的强激光设备，成功模拟了太阳耀斑中的重要现象，准确地说，是模拟了太阳耀斑中的两个最著名的观测现象：环顶 X 射线源和重联喷流

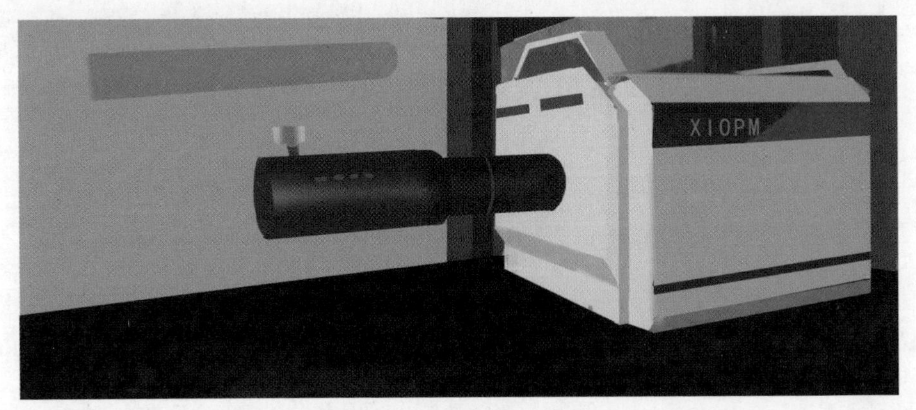

图 98 高性能条纹相机

现象。

什么是太阳耀斑呢?太阳耀斑其实就是太阳活动的重要表现,是太阳表面局部区域突然和大规模的能量释放过程。根据观测手段的不同,太阳耀斑主要有三类:一是在可见光范围内可观测的单色光耀斑,二是在X射线波段可观测的X射线耀斑,三是与质子事件相对应的质子耀斑。

太阳耀斑将引起局部区域瞬时加热,向外发射各种电磁辐射,并伴随粒子辐射突然增强,所辐射出的光波横跨整个电磁波谱。太阳耀斑对人类的影响很大,比如,可导致短波无线电信号衰落甚至中断,可使人造卫星等空间飞行器的轨道发生改变,可加快原子氧对航天器表面的剥蚀,可严重影响导航精度等。由于太阳耀斑不便观察,也不会随时发生,若想深入研究它,就必须先得模拟它,这便是本成果的价值所在。

其三,2007年8月24日,《科学》杂志报道,中国科学家通过实验发现:在低碰撞的情况下,著名的"玻恩-奥本海默近似"竟然在重要化学激光体系氟加氘反应中完全失效了!它解决了长期以来化学动力学领域中未能解决的一个重要难题,代表了非绝热过程动力学研究中的一项重大突破,同时也对进一步理解化学激光体系具有重要的现实意义。《科学》杂志对此高度评价,认为这项工作的实验和理论都绝对顶尖,都取得了极大成就,理论和实验的吻合度也达到极高境界。这项研究为现代反应动力学提供了一个极佳例证。

什么是玻恩-奥本海默近似呢？它是由量子力学奠基人玻恩和原子弹之父奥本海默共同提出的一种近似方法，是一种简化的分子动力学模型，在微观研究中非常有效且常用。大多数的计算化学研究都或多或少地使用了这个近似，但其正确性却只能靠精确的实验来检验。比如，本成果中的失效性，就排除了该近似的一种重要应用场景。

磁性芯片

弥补芯片短板

面对激烈的全球竞争，中国在高科技，尤其是芯片技术领域必须奋起直追。幸好，近年来我国科学家在弥补芯片这个传统短板方面取得了不错的成绩。

2021 年 6 月 24 日，我国科学家在磁性芯片高精度检测领域取得重大突破，在厚度仅为 5 个原子层（相当于一张普通打印纸厚度的十万分之一）的纳米磁性薄膜上，清晰地写下了“100 年，中国芯”这几个字。这是继 1993 年我国科学家用 10 个原子摆出“中国”字样后的又一次突破，它标志着我国可自主实现原子操纵。

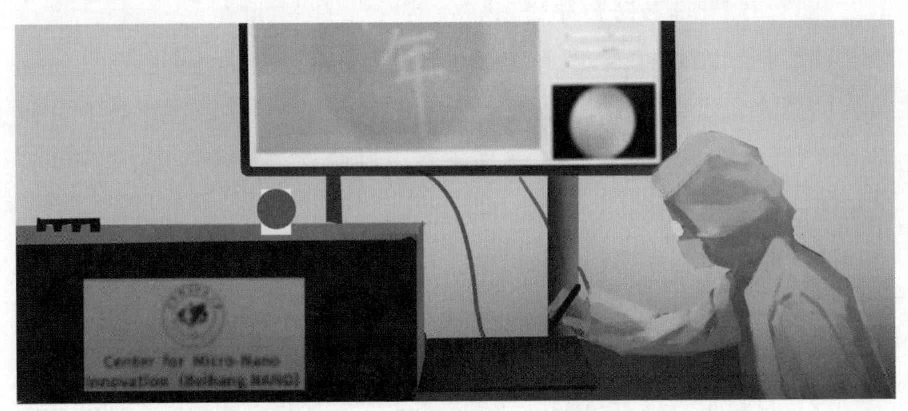

图 99 科学家在 5 个原子层厚的纳米磁性薄膜上写字

能够在纳米磁性薄膜上写字意味着什么呢?原来,在磁性芯片的封装生产过程中,需要将纳米磁性薄膜均匀地铺在制作硅半导体集成电路所用的衬底(称为晶圆)上。而这是一个相当关键且困难的问题,更是我国被卡脖子的难题。如何知道薄膜是否已被均匀地铺好了呢?若能用微小的磁性针尖在薄膜上写出字迹清晰且颜色一致的字来,则表明薄膜被铺匀了。

磁性芯片可作为高度可靠的信息存储模块和高度灵敏的磁信号传感模块,应用于飞机、卫星的控制系统,以及手机、计算机、电子罗盘、汽车自动驾驶等领域。对比国外同类设备,中国的这台设备在测试精度和速度等方面都有所改进,实现了自主创新和突破。

上述磁性芯片主要用于电子领域，其实中国科学家在主要应用于生物领域的芯片研究方面也有所突破。比如,早在2000年10月11日,我国科学家就利用电磁方法,独创性地研制出了一种主动式的生物芯片。它不但能在指甲盖大小的硅芯片上储存极为丰富的生物信息，还在两项技术中创造了世界第一，即可单点选通的电磁阵列技术和电旋转检测技术。

中国的电磁式生物芯片都有什么优势呢?原来,与过去的被动式生物芯片相比,中国的生物芯片是主动式的,它的灵敏度很高,分析速度也快,将成为今后的一大趋势。它将使国际上利用生物芯片对核酸作杂交分析的研究迈上新台阶。迄今国际上仅有很少几种主动式生物芯片问世,该成果使我国在生物芯片领域走在了国际前沿,为下一步的产业开发打下了坚实的基础。

中国的生物芯片都有什么价值呢?实际上,作为半导体和生物技术联姻的结果,从20世纪90年代起,学术界就一直看好生物芯片技术,不但将它看成是生命科学的一次革命,更将它看成是各国竞争的焦点之一。

除了上述两款芯片之外，中国科学家在电子与生物相融合的芯片研究方面也有领先之处。2019年10月20日,中国科学家发布了全球首款异构融合类芯片,它不仅能独立支持电子导向的机器学习算法和神经导向的神经形态计算模型，还支持两者的异构建模，为发展通用人工智能提供了良好平台。比如，仅用一个芯片就能演示无人驾驶系统中通用算法和模型的同步处理，实时完成目标检测、跟踪、避障、过障、语音控制和平衡控制等任务。该融合芯片有望为更通用的硬件平台发展铺平道路并推动通用人工智能的发展。

治疗肿瘤的DNA纳米机器人

悟空的七十二变

说起机器人，大家马上就会想到科幻大片中的许多角色。但是，真实机器人的外形，可能更会出乎大家的意料，它就像孙悟空的七十二变。

2018年3月，《自然》杂志报道，中国科学家研制出了一种用于肿瘤治疗的智能型DNA纳米机器人，它可在活体内定点输运药物，比如，在小鼠和猪的血管内稳定工作并高效完成定点药物输运任务。其治疗效果已在乳腺癌、黑色素瘤、卵巢癌及原发肺癌等多种疾病中得到验证。小鼠和猪的实验还显示，这种机器人确实既安全，又不会产生抗药性等。可见，DNA纳米机器人代表了未来精准药物设计的全新模式，为恶性肿瘤等疾病的治疗提供了全新智能化策略。

DNA纳米机器人的治病原理其实很简单，奥妙就隐藏在一种名叫"适配体"的小玩意儿中。所谓适配体，其实就是一小段精挑细选的寡核苷酸序列或多肽，它能与相应的配体进行高亲和力和强特异性的结合。形象地说，针对某种癌症的配体，若能将该癌症的适配体"注入"DNA纳米机器人中，那么，该纳米机器人便能精准抵达目标，完成药物输送和治病的任务，绝不会将药物送给其他正常细胞，当然也就不会产生任何副作用了。

其实在上述DNA纳米机器人问世之前，中国科学家早在2005年就曾研制出了一款微型机器人——纳米药物分子运输车。它能在血管和器官中自由通行，其直径只有 200 纳米，相当于一根头发丝的三百分之一。它装载的药物在沿途不会泄漏，直到被引导到特定的疾病靶点，才会在人体需要时自动释放,从而发挥治疗作用。这种运输车不仅能充分发挥药物的效力,还能只瞄准患处,不影响其他健康组织。

图 100 DNA 纳米机器人

该微型车的外形就像是布满规则小孔的球体，药物装在小孔中。平时,它穿着一层有机外衣,中间含有四氧化三铁颗粒构成的磁性导航仪，在体外磁场效应的作用下,该运输车会精准到达患处。每当遇到酸性或高离子强度液体时,外衣就会自动脱去,小车上装载的药物就释放出来。这些小车在完成任务后，还会通过消化系统排出人体。1 克这样的运输车材料可装载约 1000 毫克药物分子。 如今,它已在实验室中完成了消炎、止痛、抗癌等药物的装载、控制、释放和定向传输等任务。

其实,在更早些时候,中国科学家在研制人型机器人方面已经取得了许多重要成就。2000 年 11 月 29 日,我国独立研制出了第一台具有人类外观特征且可模拟人类基本动作的类人型机器人,这标志着我国机器人技术已跻身当时的国际先进行列。实际上,类人型机器人已成为国家科技实力的重要标志,因为它既需要集材料、机电、控制、计算机和传感器等先进技术于一体,还需要跨领域的多方配合,所以,研制类人型机器人一直就是各国竞争的焦点。中国研制的这台人形机器人,身高 1.4 米,体重 20 千克,不但和真人的外形相近,还具备了一定的语言功能。从技术上看,它的突破性进展主要有:从过去只能平地静态步行,进步到可快速

自如地动态行走;从过去只能在已知环境中行走,进步到可在小偏差、不确定的环境中行走;其行走频率也由一般的每6秒1步提高到每秒2步。

类人型机器人具有广泛的应用前景,不但可在有辐射、有粉尘等对人体有害的环境中代替人类作业,还可在康复医学上形成一种新的动力型假肢,协助截瘫患者实现行走的梦想。